PHYSIOLOGIE,

OU

L'ART DE CONNAITRE

LES HOMMES,

SUR LEUR PHYSIONOMIE.

PREMIÈRE PARTIE.

PHYSIOLOGIE,

OU

L'ART DE CONNAITRE

LES HOMMES,

SUR LEUR PHYSIONOMIE.

Ouvrage extrait de LAVATER et de plusieurs autres excellens auteurs, avec des observations sur les traits de quelques personnages, qui ont figuré dans la révolution Française.

Par J. M. PLANE.

A MEUDON,
DE L'IMPRIMERIE DE P. S. C. DEMAILLY,
L'AN 1797 (V. S.)

PRÉFACE.

L E sujet sur lequel je ha-
zarde aujourd'hui ce faible
essai, m'a toujours paru de
la plus grande importance,
et j'aurais desiré y employer
bien des années de travail et
de réflexion : mais le souvenir
encore récent des traits de
quelques hommes de génie et
d'un grand nombre de scélérats, que la révolution Française a fait connaître, me

1

décide à rendre public ce petit ouvrage, auquel je me propose de donner un jour plus d'étendue et de maturité.

C'est d'après ma propre expérience que j'ai reconnu l'extrême utilité de la *physiologie;* et les premières erreurs dans lesquelles je suis tombé, avant d'avoir étudié cette science, me sont communes, j'ose le dire, avec tous les individus de l'espèce humaine. En faire l'histoire serait raconter celle de tous

les jeunes gens qui entrent
dans le monde , sans guide et
sans réflexion ; c'est pourquoi
je me contenterai de rapporter
ici quelques évènemens qui
ont marqué les premières années de ma vie.

Dès ma plus tendre en-
fance , j'ai éprouvé l'effet
que les physionomies opé-
raient sur moi. Les premiers
traits qui s'offrirent à mes
yeux , excitèrent toujours en
moi un sentiment de con-
fiance, ou d'aversion. Inca-

pable alors d'observer, j'étais physionomiste par instinct, et je contractai dès ce moment, l'habitude de lire, sur les visages, les pensées de toutes les personnes qui m'environnaient.

Parvenu à l'âge d'adolescence, à peine avais-je éprouvé le besoin d'aimer, que mon cœur vola au devant des premiers beaux yeux que le destin m'offrit. Soit beauté réelle, soit prestige de mon imagination, Amélie

me parut un ange : mais,
ó ! souvenir, toujours présent à ma pensée ! cette
figure si belle, ces graces
si touchantes cachaient un
cœur perfide. Je me croyais
aimé seul, comme je l'aimais
seule. --- Amélie avait un
autre amant.

Au moment où la jalousie
se glissa dans mon cœur,
ma douleur fut si poignante,
que je crus toucher à ma
dernière heure : mais, heureusement pour moi, un évè-

nement, qu'il serait inutile de rapporter, éclaircit mes dou-tes cruels, et mes soupçons se changèrent en certitude. Dès-lors toute ma jalousie s'évanouit comme un songe, et il ne me resta qu'un leger souvenir de mes peines pas-sées : je me disais cepen-dant quelquefois à moi-même: comment un si beau visage peut-il être le miroir d'une ame fausse et corrompue ? Non, je ne croirai plus à la *Physiologie*; je s'aurai me défier pour jamais de cette science mensongère.

Quelque tems après, le hazard me fit rencontrer Amélie. La cruelle me sourit. — Son air me glaça. Ce n'était plus cette bouche charmante , sur laquelle j'avais cru tant de fois voir son ame voltiger. Ses lèvres étaient toujours vermeilles : mais elles n'avaient plus la même grace. Ses yeux étaient toujours beaux : mais leurs regards avaient quelque chose de faux et de repoussant. Je fus surpris de n'avoir pas déjà apperçu ces défauts qui me paraissaient choquans. O! prestige inexprimable de l'amour ! m'écriai-je, Amélie était un ange à mes yeux. — Ce n'était qu'une femme. Ces traits dans lesquels j'adorais le chef-d'œuvre de la nature, l'image sensible de la divinité, ne sont donc pas ce qu'ils avaient paru à mon ame enivrée. Un instinct aveugle m'a trompé ; quelques momens de réflexion sur cette physionomie, auraient suffi pour dessiller mes yeux : revoyons encore l'ingrate, comme observateur ; car je ne la reverrai plus comme amant.

Deux jours s'écoulèrent ; je revis Amélie, et en l'observant avec moins d'émotion, je m'apperçus que lorsqu'elle souriait, un certain air de contrainte fesait grimacer les deux côtés de sa bouche. Ses yeux effective-

ment n'avaient pas cette sérénité que j'y avais trouvée
autrefois. L'angle formé par
les sourcils avec l'extrémité
supérieure des joues, se pro-
longeait d'une manière peu
naturelle ; enfin j'apperçus
mille d'étails qui m'avaient
toujours échappé ; je sentis
combien il est aisé de se
tromper sur les objets qu'on
ne juge que par instinct, et
qu'on n'apperçoit qu'à travers l'optique de l'amour. Si
j'avais été un peu *physiolo-*

giste, que de peines je me serais épargné !

Je vis alors, l'extrême importance qu'il y avait à étudier cet art, dont je prévoyais devoir me servir souvent, dans le cours de ma vie, pour empêcher mon cœur aimant de se livrer sans réserve, aux premières impressions de l'amitié. Quant à l'amour, je croyais de bonne foi y avoir renoncé.

Pour ne pas ennuyer le lecteur de récits peu intéres-

sans sur ce qui m'est arrivé
depuis cette première épreu-
ve, qui me couta bien des
larmes, je me contenterai
d'avouer avec franchise : que
je me suis trompé plus de
cent fois, en appliquant mes
observations physiologiques,
sans pour cela être rebuté,
et j'ai toujours eu assez de
bonne foi, pour convenir
que c'était ma faute, et non
celle de la science. Toutes
les fois que je lisais un na-
turaliste, je dévorais avec la

plus grande avidité tout ce
qui pouvait avoir quelque
rapport au grand art de la
physiologie , et mon seul
regret était de voir, que très
peu d'auteurs s'étaient oc-
cupés de traiter cette matière
importante.

Enfin , le célèbre ouvrage
de *Lavater* tomba dans mes
mains. J'y trouvai de grands
traits de lumière, une sagesse profonde , des vues
grandes et élevées : mais cet
auteur , un des plus éclairés

2

qui ayent écrit dans ce genre,
a mis dans son ouvrage bien
des longueurs, qui atténuent
la force de ses idées. S'il
étonne souvent le lecteur par
ses principes lumineux, souvent aussi faut-il les chercher
parmi une foule de raisonnemens superflus.

Je pris la plume, et je com-
cençai un extrait de ce fameux auteur. Je comparai
ses idées avec celles des
habiles physionomistes. Plusieurs de leurs principes gé-

néraux s'accordaient parfaitement; ce fut pour moi une
nouvelle preuve de leur vérité. Mon intention était de
refondre mon ouvrage , et d'y
travailler long-tems............
La révolution Française com-
mença. Alors le nombre des
observations, que je fus à
portée de faire dans bien des
occasions, vint grossir mon
petit volume. Enfin , les raisons dont j'ai parlé plus haut ,
me déterminèrent à me dis-
poser à le mettre au jour.

Je sens que pour réussir dans mon entreprise, comme je l'aurais desiré, il eût été nécessaire d'approfondir, pendant bien des années, la connaissance du cœur humain, et d'attendre l'expérience d'un âge avancé : mais, plus la matière que je traite est nouvelle, plus je me sens de courage, pour m'élancer dans la carrière qui s'ouvre à moi.

J'emprunterai souvent le flambeau de quelques génies célèbres, pour diriger mon vol incertain, et je ne craindrai point de m'égarer avec eux.

Puissent mes faibles essais guider quelquefois les cœurs aimans, et les empêcher de se livrer avec trop de facilité aux pièges dangereux de la séduction! C'est pour les jeunes gens que j'écris. Quant aux vieillards, s'ils sont observateurs, une longue expérience doit leur avoir appris à connaître les hommes; et s'ils ne le sont pas, mon ouvrage leur serait inutile.

O vous! dont l'ame sensi-
ble, et prompte à recevoir les
douces impressions de l'amitié, s'abandonne aveuglément
aux apparences de la bonté!
qui croyez trouver chez tous
les êtres, qui s'offrent à vos
regards, la franchise et la
loyauté de votre caractère!
apprenez à connaître l'astuce
des méchans! Apprenez à vous
méfier de ces physionomies
trompeuses, qui cachent des
cœurs pervers, sous l'apparence de la candeur! Lisez

dans ces traits qui vous plaisent au premier abord, les
traces ineffaçables que l'hypocrisie et la fausseté ne peuvent dérober aux yeux de
l'observateur ! Connaissez enfin, un faux ami, qui médite
votre perte ! Lisez dans le
cœur d'une amante ou d'une
épouse perfide. — Qu'ai-je
dit ? — Ah ! gardez-vous de
dissiper une flatteuse erreur !
elle est si douce quand on
aime ! éclairez avec soin l'amitié quand elle s'offre à vous, et

laissez à l'amour son bandeau!

Et vous! qui sous des traits informes cachez une ame sensible et belle , consolez-vous! vos vertus sauront se faire jour à travers l'enveloppe grossière qui les cache aux yeux du vulgaire. L'observateur *physiologiste* saura les démêler, et les secrets de l'art vous vengeront des injustices de la nature.

Planche. 1.

PHYSIOLOGIE,

OU

L'ART DE CONNAITRE

LES HOMMES,

SUR LEUR PHYSIONOMIE.

PREMIÈRE DIVISION,

De la Physiologie naturelle et raisonnée.

CHAPITRE PREMIER.

Existence de la Physiologie.

Tous les hommes sont physionomistes par instinct : l'enfant au berceau commence déjà à lire sur le

front de celui qui l'approche pour
le caresser : une figure riante le fait
sourire et lui inspire la confiance,
tandis qu'un visage sérieux l'épou-
vante, et lui arrache quelquefois des
cris perçans. Je dis plus : tous les
êtres vivans, tous les animaux, jusqu'aux plus petits insectes connaissent
leurs ennemis, même avant que l'expérience leur ait appris ce qu'ils ont
à en redouter. Le premier soin de la
nature, celui que nous voyons dans
toutes ses opérations, est de veiller
à la conservation des espèces. C'est
pour parvenir à ce but essentiel,
qu'elle nous a donné un tact physio-
nomique, c'est-à-dire un goût, un
penchant naturel pour les êtres utiles
qui nous environnent, et une aversion presque invincible pour les êtres
malfaisans. C'est ce qu'on peut appeller la *physiologie naturelle.*

L'homme dans l'état de nature
n'aurait besoin que de l'instinct qui
lui serait commun avec les animaux,
et qui serait pour lui un guide cent
fois plus sûr que toutes ses réflexions :
mais la nécessité de vivre avec ses
semblables, de se plier par conséquent à leur caractère, à leur humeur, et de supporter souvent leurs
défauts, le force à se dédommager
de cette affreuse contrainte, par l'i-
dée consolante des vertus et des bonnes qualités des êtres, qui composent
sa société.

Mais ces vertus, ces bonnes qualités, comment les connaître ? sera-t-il
toujours à portée de les mettre à l'é-
preuve ? et en supposant qu'il en
fasse quelquefois d'heureuses expériences, sera-t-il rassuré pour l'a-
venir ? non — le méchant, dira-t-il,
peut faire une ou plusieurs bonnes

actions, et pour être bon, il faut l'être toujours. Ce n'est donc que sur l'habitude des personnes, sur leur extérieur de bienveillance et de douceur, et par conséquent sur leur physionomie, qu'il pourra s'assurer à chaque instant des bonnes qualités qui doivent lui faire aimer ses semblables. Ce résultat de nos observations peut s'appeller la *physiologie raisonnée*.

Sans elle, l'homme sensible souvent rebuté par de trop funestes expériences, finirait par mettre tous les individus dans la même balance. Tous lui paraîtraient méchans et pervers, comme les faux amis auxquels il se repent d'avoir donné sa confiance. L'ami de l'humanité finirait par haïr son espèce, et la bonté de son cœur ferait place à la misanthropie. — Excès condamnable, quoiqu'à la vérité on puisse dire, qu'il est souvent causé

par un excellent principe ; car plus
un homme est sensible et bon , plus
il est facile à rebuter. Un extrême
mène aisément à l'autre. C'est ainsi
qu'un violent amour est plus voisin
de la haîne que de l'indifférence.

J'ajouterai ici des observations
d'un savant Allemand sur l'existence de la *physiologie*.

« Tout dans la nature est enchaîné ;
partout on découvre de l'harmonie,
des rapports de cause et d'effet ; et
ces rapports ont surtout lieu entre
l'homme extérieur et l'homme intérieur. Combien de choses influent
sur nous ! nos parens, la terre qui
nous porte, le soleil qui nous échauffe,
la nourriture qui s'assimile à notre
substance , les évènemens de notre
vie : tout cela sert à former, à mo-
difier l'esprit et le corps , tout laisse
dans l'un et dans l'autre une em-

preinte durable. Quand l'ame est
agitée, toutes ses affections viennent se peindre sur le visage. Chaque
passion a son langage particulier,
qui est le même par toute la terre
et pour tout le genre humain.

» Du levant au couchant, l'envie
n'a point l'air gracieux de la bienveillance, ni le mécontentement, l'air
de la résignation. Par tout où la patience est la même, elle s'annonce
par les mêmes signes, et il en est
ainsi de la colère, de l'orgueil et de
toutes les passions.

» Il est vrai que *Philoctète* gémit
autrement que l'esclave châtié par
son maître, et que les anges de *Ra-*
phaël sourient avec plus de noblesse
que les anges guerriers de *Rembrand* ;
mais la joie et la douleur, quelques
variées qu'en soient les nuances,
n'ont chacune qu'un seul langage,

qui leur est propre ; elles agissent
selon les mêmes lois, sur les mêmes
muscles, et les mêmes nerfs ; plus
les actes de la passion sont répétés,
plus elle devient habituelle et domi-
nante, et plus aussi les sillons qu'elle
trace s'impriment profondément.

» Mais les facultés intellectuelles,
les talens acquis, le dégré de capacité, le genre de vocation et de travail auquel on est propre, sont des
choses plus cachées à nos yeux. Un
bon observateur découvrira sans
peine l'homme colère, le voluptueux,
le mécontent, l'orgueilleux, le méchant, le bienfaisant ; mais il ne saura
point désigner de même le philosophe, le poëte, l'artiste, ni apprécier les diverses facultés qui les distinguent, et bien moins encore pour-
ra-t-il en indiquer la marque et le
siège, et nous apprendre si le juge-

ment se manifeste dans l'os de l'œil,
l'esprit dans le menton, et le génie
poëtique dans le contour des lèvres.

» Nous éprouvons certains pres-
sentimens chaque fois que nous ren-
controns un personnage distingué, et
nous sommes tous physionomistes
empyriques ; nous croyons appercevoir dans le regard, les mines, le
sourire et le mécanisme du front,
de la finesse, de l'esprit, ou de la
pénétration. En voyant quelqu'un
pour la première fois, nous nous
attendons à lui trouver tel ou tel
talent, tel ou tel genre de capacité ;
nous en jugeons d'après un sentiment confus, et quand ce tact s'est
exercé par un fréquent commerce
avec des gens de tout ordre, nous
devinons souvent avec une justesse
surprenante.

» Est-ce un sentiment ? un sens

intérieur dont nous sommes pour-
vus? ou bien est-ce comparaison ?
induction ? conséquence tirée d'un
caractère connu, et appliquée sur la
foi de quelque ressemblance extérieure, à un inconnu ? Le sentiment
est le bouclier des fanatiques et des
insensés, et quoiqu'il soit souvent
conforme à la vérité, il n'en est
pourtant ni l'indice, ni la preuve.
L'induction au contraire est le jugement fondé sur l'expérience, et c'est
la seule méthode que je veux suivre,
pour étudier la *physiologie*.

» J'accueille tel étranger avec un
visage riant ; j'évite cet autre avec
une froide politesse, sans que je
sois attiré ou repoussé par les signes
de quelque passion ; mais en exa-
minant plus attentivement, je découvre toujours certains traits qui
me rappellent, ou quelqu'un que

3

j'aime ou quelqu'un que je n'aime
pas. Et les enfans, ce me semble,
sont excités par quelque chose de
pareil, lorsqu'on les voit fuir ou
caresser un étranger; seulement il
leur faut moins de signes qu'à nous;
la couleur de l'habit, le son de la
voix, souvent même un mouvement
imperceptible suffit pour les faire
souvenir de leurs parens, de leur
nourrice, ou de telle autre personne
qui leur est connue.

» Ainsi ce n'est pas seulement
l'effet du tact; c'est sur des raisons
très fondées qu'en voyant un homme
qui ressemble à Turenne, je le
suppose plein de sagacité, calme
et réfléchi lorsqu'il trace des plans,
et ardent dans l'exécution. Si je vois
trois hommes et que je retrouve dans
le premier les yeux de Turenne en
même tems que sa prudence, dans

le second son nez et son grand courage, dans le troisième sa bouche et
son activité, j'aurai découvert le
siège de chacune de ces qualités, et
chaque fois que j'appercevrai le même
trait, je serai en droit de porter le
même jugement.

» Que n'a-t-on commencé depuis
des siècles à étudier la forme humaine, à classifier les traits caractéristiques, à les assortir selon leurs
nuances, à fixer par le dessin les
inégalités, les lignes et les rapports
les plus remarquables, à commenter
chaque fragment ? nous aurions à
présent l'alphabet du genre humain,
alphabet plus volumineux que celui
des Chinois, et qu'il ne s'agirait plus
que de consulter pour trouver l'explication de chaque visage.

» Quand je considère que l'exécution d'un tel ouvrage élémentaire

n'est pas absolument impossible,
j'en attends les plus grands effets.
Je me figure alors une langue si
riche, si correcte, que sur une simple description en paroles, on pourra
retracer une figure ; qu'un tableau
fidèle de l'ame indiquera aussi-tôt
le profil du corps ; que le physionomiste fera revivre les grands hommes, dont les Plutarques anciens et
modernes auront célébré la mémoire ;
et qu'il lui sera facile d'esquisser un
idéal pour chaque emploi de la société.

» C'est de pareils tableaux que seront garnis à l'avenir les cabinets
des princes ; et celui qui viendra
solliciter un emploi auquel il n'est
point propre, devra se résigner sans
murmure, s'il est évident qu'un
trait de son visage l'exclut de la
place qu'il ambitionne. Je me figure

ainsi un monde nouveau d'où l'erreur et la fraude seront à jamais
bannies. Reste à savoir ensuite si
nous en serions plus heureux ».

Il n'en faut pas douter, peut-on lui
répondre ; cependant s'il n'existait
plus de vices , il s'en suivrait peut-
être bientôt un très-grand , qui serait
une espèce d'inertie et d'apathie uni-
verselle ; au lieu que le combat actuel de la bonne foi et de la vertu ,
contre la ruse et le vice , opère le
développement de toutes les facultés de l'homme , et donne une nouvelle énergie à ses vertus.

« La vérité (continue le même
auteur) , doit toujours éviter les extrêmes , attendons beaucoup de la
science des physionomies ; mais n'en
exigeons pas trop. Je me vois assailli d'une foule d'objections dont
plusieurs sont très embarrassantes.

Est-il bien vrai qu'il y aît tant d'hommes qui se ressemblent? ou bien
cette ressemblance apparente n'est-
elle pas le plus souvent une impression générale qui s'évanouit à un
examen plus attentif, surtout lorsqu'il s'agit de comparer séparément
un trait à un autre?

» N'arrive-t-il jamais qu'ils se
trouvent en opposition? qu'un
nez timide se trouve placé entre
des yeux qui annoncent le courage? est-il bien décidé d'ailleurs
que la similitude des formes suppose aussi toujours celle des ames?
c'est dans les familles que la ressemblance des visages est surtout frappante, et néanmoins on y remarque
souvent une très grande différence
entre les caractères. J'ai connu des
jumeaux qui se ressemblaient, au
point qu'on prenait souvent l'un pour

l'autre, et qui n'avaient pas au moral un seul trait de conformi é.

» Que penser enfin de cette foule d'exceptions qui étouffent la règle ? Je vais en citer quelques unes d'après mes propres observations. Voyez Samuel Johnson, il a l'air d'un porte-faix ; ni le regard, ni un seul trait de la bouche, n'annoncent un esprit pénétrant, un homme versé dans les sciences. La physionomie de Hume était des plus communes, Churchil semblait avoir passé sa vie à garder des troupeaux ; Goldsmith avait l'air niais ; et le regard si peu animé de Strange ne décèle point l'artiste ».

Ce regard dénué d'expression est assez commun aux grands artistes. Ils sont en cela bien différens de l'homme de génie. La froideur est l'apanage de l'artiste qui n'est qu'artiste, tan-

dis que l'homme de génie est em-
brâsé d'un feu céleste, qui ne lui
laisse aucun repos, et brille dans ses
moindres gestes.

« Dirait-on que Wille avec autant de feu passe sa vie à tirer des
parallèles ? »

Il est possible de réunir beaucoup
de vivacité à beaucoup de sang froid ;
même les gens qui ont de la chaleur apparente ne sont pas les plus emportés
et les plus hardis dans leurs résolutions.

« Nous connaissons tous, (reprend
notre savant), un peintre des graces
que l'on prendrait plutôt pour un
juge sévère accoutumé à dicter des
arrêts de mort ».

Oui : mais ce peintre des graces
ne met point d'ame dans ses compositions, on y trouve beaucoup de
brillant, mais très peu d'expression.

« J'ai vu (c'est l'auteur qui parle ,) un criminel condamné à la roue pour avoir assassiné son bienfaiteur, et ce monstre avait le visage ouvert et gracieux , comme un ange du *Guide*. Il ne serait pas impossible de trouver aux galères des têtes de Régulus , et des physionomies de Vestales dans une maison de force ».

Quelques détestables que soient les passions qui ont dominé ceux qui offrent de pareils contrastes , on peut croire qu'elles agissaient sur des caractères qui n'étaient pas foncièrement méchans. Un homme heureusement né dont l'organisation est délicate , et dont les fibres s'irritent aisément, peut dans certains momens se laisser entraîner à des crimes atroces , qui le feraient passer aux yeux du monde pour le plus abominable des mortels ; et cependant il

est possible qu'il soit au fond meilleur et plus honnête que cent autres,
qui passent pour gens de bien, et
qui seraient incapables des forfaits
qui nous obligent à le condamner.
Qui pourrait ignorer que surtout chez
les personnes délicatement organi-
sées la vertu la plus éminente avoi-
sine souvent le crime le plus odieux?

« On nous dit (continue notre auteur,) de juger d'un caractère inconnu d'après un caractère connu;
mais est-il si facile de bien connaître l'homme quand il se cache dans
les ténèbres, quand il s'environne
de contradictions, et qu'il est tour-
à-tour l'opposé de ce qu'il était? Si
nous ne connaissions d'Auguste que
sa clémence envers Cinna, de Cicé-
ron que l'histoire de son consulat,
quels hommes ne seraient-ils pas à
nos yeux? Élizabeth! quelle figure

majestueuse entre les reines, et combien elle se rabaisse, en jouant le rôle
d'une coquette surannée ! Jacques II
brave à la tête des armées, et lâche sur le trône ; Monk le vengeur
de son roi et l'esclave de sa femme ;
Algernoon, Sidney et Russel, patriotes dignes de l'ancienne rome,
et cependant vendus à la France !
Bacon le père de la philosophie,
n'est pas un juge incorruptible ! de
pareilles découvertes inspirent une
sorte d'effroi ; on est tenté de fuir les
hommes, de renoncer à leur commerce, à leur amitié ; et si ces ames
de caméléon sont alternativement
méprisables et généreuses, sans que
la forme extérieure change pour cela,
à quoi donc nous sert la forme ?

» Et quelle riche matière d'observations ? par exemple les physionomies nationales ; toutes ces familles

si variées qui partagent la nombreuse
postérité d'Adam ! Depuis l'Esquimau jusqu'au Grec, combien de
nuances ! l'Europe, la seule Allema-
gne offre des diversités qui ne sauraient échapper à l'observateur. Des
têtes qui portent l'empreinte de la
forme du gouvernement, car c'est
toujours lui qui achève notre éducation ; des républicains fiers des
lois qui fondent leur sûreté ; des
esclaves orgueilleux, contens de
l'oppression qu'ils subissent, parce
qu'ils peuvent opprimer à leur
tour ; les grecs du siècle de Péri-
clès, et les grecs sous Hassan-Pas-
cha ; les romains du tems de la
république, sous les oppresseurs,
et sous les papes ; les anglais
sous Henri V I I I et sous Crom-
wel ; les soi-disant patriotes Hamp-
ten, Pein et Vane ; voilà des

objets qui m'ont toujours frappé ».

Ces réflexions écrites avec autant
d'esprit que d'énergie prouvent les
grandes difficultés que doit éprouver
le physionomiste, lorsqu'il s'agit de
lire sur le visage de certains hommes leurs secrets penchans : mais la
difficulté d'une science quelconque
ne prouve point contre son existence ;
eh ! par combien d'erreurs, et j'ose
dire d'extravagances, n'est-on pas
obligé de payer les moindres découvertes en physique ! Faudra-t-il pour
cela y renoncer ? — non sans doute.
Les vérités une fois connues deviennent au contraire plus précieuses et
plus satisfaisantes : mais l'art du physionomiste n'est pas à beaucoup près
aussi difficile que celui du physicien.
Voir, réfléchir, comparer, voilà l'ouvrage du premier. Inventer, avancer
au milieu des ténèbres, s'égarer sou-

vent dans des systêmes erronés, voilà
le sort du second. L'un consulte ses
yeux, l'autre est obligé la plupart
du tems de combattre leur témoi-
gnage, et de vaincre les préjugés
dictés par les sens.

La nature varie à l'infini ses pro-
ductions ; une rose diffère d'une autre rose, deux feuilles ne peuvent
se ressembler parfaitement. Chaque
individu diffère d'un autre de son
espèce, soit au physique, soit au
moral ; car la différence extérieure
du visage et du corps doit nécessairement avoir un certain rapport
avec la différence intérieure de l'esprit et du cœur.

On convient que la colère enfle
les muscles, pourquoi donc des muscles enflés ne seraient-ils pas le signe
ordinaire d'un caractère colérique ?
des yeux pleins de feu, un regard

aussi prompt que l'éclair se trouvent
toujours avec un esprit vif et pénétrant ; comment donc pourrait-on
nier le rapport qui se trouve entr'eux!

Qui pourrait croire , dit *Lavater* ,
que le cerveau d'un Japon aurait en-
fanté la théodicée , ou que la tête
d'un esquimau (*) aurait comme
Newton pesé les planètes et mesuré
leurs cours ? nier l'existence de la
physiologie , serait prétendre qu'un
homme robuste peut ressembler parfaitement à un homme infirme, celui qui est en pleine santé , à celui
qui se meurt de consomption ,
l'homme d'un caractère vif et ardent,
à l'homme doux et de sang-froid ;
que la joie et la tristesse , les plaisirs et
la douleur , l'amour et la haine sont

(*) Les esquimaux ont un esprit si borné,
qu'à peine peuvent-ils compter jusqu'à six , toute qui est au-delà leur paraît innombrable.

caractérisés par les mêmes signes.

La nature entière n'est-elle pas physionomie ? tout n'est-il pas surface et contenu ? effet extérieur et faculté interne ? on ne doute pas de la physionomie de tout ce qui frappe nos sens, et on douterait de celle de la nature humaine, c'est-à-dire de l'objet le plus beau et le plus parfait que nous voyons sur la terre ?

Je ne m'arrêterai pas plus long-tems à prouver l'existence de la *physiologie*; car elle est si claire et si indubitable, que ce serait une chose également téméraire que de la nier, ou de vouloir la démontrer à ceux qui la nient. Je vais dire un mot des difficultés que présente cette science.

CHAPITRE II.

Difficultés de la Physiologie, son but et son utilité.

QUELQUE immatériel que soit le principe qui est en nous, quelque élevé qu'il soit au-dessus de nos sens, il devient néanmoins perceptible par sa correspondance et sa liaison avec le corps où il réside. Certaines situations d'esprit produisent des penchans, les penchans deviennent habitudes et de celles-ci naissent les passions : or ces affections de l'ame s'expriment évidemment sur le visage. Le calme, la sérénité d'une bonne conscience s'annoncent autrement que la haine ou le remords. Ces différentes ex-

4

pressions qui se peignent dans nos
traits, les embellissent ou les altèrent
d'une manière marquée, du moins
au moment où elles se font sentir.
Supposez donc que ces momens se
reproduisent souvent, il est clair que
notre visage contractera malgré nous
une certaine manière d'être, une habitude qui deviendra une seconde
nature : et c'est pour cette raison
qu'à l'époque de la vie où nos
facultés commencent à se dévelop-
per, nos traits se prononcent avec
plus de force; parce que nous com-
mençons alors à avoir un caractère,
et des passions. Notre ame communique par dégrés à notre figure
les premières habitudes que nos penchans naturels ont fait naître. Leurs
traces d'abord legères s'impriment
de plus en plus, à mesure que nous
avançons en âge. Il n'est donc pas

étonnant qu'une ame belle , bienfai-
sante accoutumée à se manifester
par un regard de douceur et de bienveillance , communique cette même
beauté au visage des personnes et à
tout leur extérieur.

J'observerai à ce sujet qu'on voit
des enfans parfaitement beaux s'en-
laidir extrêmement par le vice de
leur caractère ou de leur éducation ,
tandis que d'autres que la nature
avait peu favorisés se développent
sensiblement, et acquièrent avec le
tems des traits aimables et un extérieur intéressant.

Mais de combien de difficultés se
trouve assailli l'observateur *physiologiste*? avec quelle attention scrupuleuse ne doit-il pas examiner le
visage d'une personne avant de prononcer sur son caractère ? il y a des
passions diaboliques qui souvent ne

se peignent sur la physionomie que
par un seul petit trait, fort sensible
à la vérité, mais presque indéfinis-
sable, tandis que d'autres passions
beaucoup moins nuisibles ont des
expressions plus marquées et plus
effrayantes. Une colère impétueuse
dérange tout le visage ; au lieu que
la plus noire envie, et même la haine
la plus sanguinaire n'ont pour signe
qu'une legère obliquité, ou une contraction des lèvres, presque imperceptible.

L'artificieuse dissimulation, sus-
cite encore bien des difficultés à
l'observateur le plus éclairé. Les
hommes se donnent toutes les peines imaginables, pour paraître plus
sages, plus honnêtes et meilleurs
qu'ils ne sont. Ils étudient l'air et
le ton de la probité, ils en imitent
le langage, et souvent l'artifice leur

réussit. Ils trompent, ils en impo-
sent et parviennent à dissiper jusqu'au moindre soupçon qu'on pourrait former contre leur intégrité. Les
gens les plus habiles, les plus clair-
voyans ont été souvent séduits et le
sont encore tous les jours par ces
dehors trompeurs.

D'ailleurs le physionomiste, quelque habile, quelque phylosophe
qu'il soit, est toujours homme, c'est-
à-dire que non-seulement il est sujet
à l'erreur, mais encore il n'est point
exempt de partialité. Rarement
peut-il s'abstenir d'envisager les objets sous un certain rapport qu'ils
ont avec ses opinions, ses goûts,
ou ses aversions particulières.

Le souvenir confus de certains
plaisirs ou déplaisirs, que telle ou
telle physionomie réveille dans son

·ame par des circonstances accessoi-
res et gratuites, l'impression qu'un
objet d'amour ou de haine aura
laissée dans son imagination, tout
cela n'influe-t-il pas nécessairement
sur ses observations ?

Combien d'accidens plus ou moins
graves, tant physiques que moraux ;
combien de circonstances cachées,
de passions secrètes peuvent nous
induire en erreur, et nous faire porter
un faux jugement sur l'expression
d'un visage ! Qu'il est facile alors
de glisser sur les qualités essentielles
du caractère, et d'adopter pour base
de nos observations, ce qui n'est
que purement accidentel ! par
exemple : l'homme le plus sensé,
dans ses momens d'ennui, ressemble
parfaitement à un imbécille. Des accidens particuliers, tels que la petite
vérole peuvent défigurer un visage

et rendre méconnaissables les traits les plus fins et les plus délicats.

On cite avec raison au nombre des grandes erreurs dans lesquelles peut tomber un physionomiste , celle du philosophe Zopyre. En voyant les traits de Socrate il jugea qu'il était stupide , brutal, voluptueux et ivrogne. Les disciples de ce grand homme voulurent tirer de là un argument contre l'art de Zopyre , et le tourner en ridicule. Socrate le justifia et leur dit : j'étais naturellement enclin à tous ces vices : mais par une pratique constante de la vertu , je suis parvenu à corriger mes défauts et à réprimer mes penchans.

S'il est facile de se tromper dans le jugement qu'on porte sur un homme de bien , il l'est encore d'avantage de mal juger un hypocrite. Ces sortes de caractères ont passé jus-

qu'ici pour indéterminables : mais
c'est à l'observateur qu'il faut s'en
prendre, plutôt qu'à l'objet observé.
J'avoue que pour les appercevoir,
il faut beaucoup de finesse, d'exercice et un génie *physiologique* des
plus subtils ; j'avoue même qu'on
ne réussit pas toujours à les expliquer par des lignes, des mots et
des signes particuliers.

Mais il n'est pas moins vrai que
ces caractères en eux-mêmes sont
susceptibles de détermination. Quoi!
la contrainte, les efforts d'esprit,
les distractions qui accompagnent
toujours le déguisement, n'auraient
pas des marques, si non détermina-
bles, du moins perceptibles ?

Un homme dissimulé veut-il masquer ses sentimens ? il se passe dans
son intérieur un combat entre le

vrai qu'il veut cacher et le faux qu'il
voudrait présenter. Ce combat jette
la confusion dans le mouvement des
ressorts. Le cœur dont la fonction
est d'exciter les esprits , les pousse
où ils devraient naturellement aller.
La volonté s'y oppose, elle les bride ,
les tient prisonniers , elle s'efforce
d'en détourner le cours pour donner
le change : mais il s'en échappe beaucoup, et les fuyards vont porter des
nouvelles certaines de ce qui se passe
dans le secret du conseil. Ainsi ,
plus on veut cacher le vrai , plus le
trouble augmente , et plus on se
découvre.

« Au moment où j'écris , (dit *La-*
vater) j'ai sous les yeux un triste
exemple de cette vérité. Deux personnes âgées d'environ vingt-quatre
ans, qui ont paru devant moi à plusieurs reprises , soutiennent avec

toute l'assurance possible deux as-
sertions entièrement contradictoires.
L'une dit : tu es père de mon enfant.
— L'autre : je ne t'ai point appro-
ché ; tous deux doivent savoir que
l'une de ces dépositions est vraie,
l'autre fausse ; l'un des deux doit
nécessairement dire la vérité, tandis que l'autre soutient un mensonge. — Ainsi j'avais à-la-fois sous
les yeux l'odieuse imposture et l'innocence accusée. — Aussi il est clair
que l'un des deux avait l'art de se
déguiser prodigieusement, et il en
résulte que le plus noir mensonge
peut revêtir les dehors de l'innocence opprimée. Que dit alors le
physionomiste? le voici : j'ai devant
moi deux personnes dont l'une n'a
pas besoin de se contraindre pour
paraître ce qu'elle n'est pas ; l'autre
fait des efforts prodigieux, et doit

les déguiser avec le plus grand soin.
Le coupable semble avoir encore
plus d'assurance que l'innocent; mais
à coup-sûr la voix de l'innocence a
plus d'énergie, d'éloquence et de
persuasion ; à coup-sûr le regard de
l'innocent est plus ouvert que celui
de l'imposteur. Je l'ai vu ce regard,
avec l'attendrissement et l'indignation qu'inspirent l'innocence et le
crime : ce regard qu'on ne saurait
décrire et qui disait de la manière
la plus énergique : *oses-tu le nier!*
— Je distinguais en même tems un
autre regard couvert d'un nuage ;
j'entendais une voix dure et arrogante, mais plus faible, plus sourde,
qui répondait : *oui j'ose le nier.*—
Dans l'attitude, surtout dans le
mouvement des mains, dans leur
démarche, quand ils furent amenés
et reconduits, le regard baissé de

l'un , sa contenance abbatue, l'approche du bout de la langue sur les
lèvres , au moment où je représen-
tais tout ce qu'il y a de solemnel et
de formidable dans le serment qu'on
allait exiger d'eux , tandis que chez
l'autre , un regard ferme, ouvert,
étonné , qui semblait dire : *juste
ciel ! et tu voudrais jurer !* lecteur ,
tu peux m'en croire, j'entendais ,
je sentais l'innocence et le crime ».

C'est principalement dans de pareils momens qu'un juge sensible
sait apprécier l'utilité de la *physiologie.* Il est bien des circonstances où
malgré les plus scrupuleuses recherches , il est impossible de se procurer des preuves suffisantes , pour
prononcer entre deux personnes , qui
semblent avoir de part et d'autre des
raisons également fortes , et plausi-
bles. Alors le juge se trouve dans la

cruelle nécessité de faire une application aveugle et passive de la
loi, et par une fatalité terrible,
ses dispositions peuvent devenir
funestes à l'innocent. C'est alors
qu'un juge intègre et sage doit avoir
recours aux principes certains de la
physiologie, et souvent les observations les plus simples, pourront
dessiller ses yeux et lui montrer la
vérité, au milieu des replis tortueux
des sentiers de l'erreur. O juges de
Calas ! Que ne lisiez-vous sur son
front vénérable la sérénité du juste,
et la douce empreinte de soixante
ans de vertus ! Que ne lisiez-vous
dans les yeux de ses accusateurs, la
soif de la vengeance, et la frénésie
d'un aveugle fanatisme ! vous vous
seriez épargné un crime, et vous auriez sauvé aux cœurs sensibles un
souvenir douleureux, qui ne s'effa-

cera jamais. La France entière vous
reprochera pendant bien des siècles
un meurtre juridique , et la justice
gémira long‑tems d'avoir vu son
glaîve trempé dans le sang innocent.

Tout ce que nous venons de dire
prouve assez l'utilité de la *physiologie* , eh ! combien ne devrait‑on
pas s'attacher à la connaissance d'un
art qu'on peut appeller l'ame de la
prudence , la terreur du vice , et l'en-
couragement de la timide vertu !

Où l'œil faible et novice du spec-
tateur inattentif ne soupçonne rien ,
l'œil exercé du connaisseur trouve
une source inépuisable de plaisirs
intellectuels et moraux. C'est avec
un secret ravissement que le physionomiste ami de l'humanité pénètre
dans l'intérieur de ses semblables ,
et y apperçoit les plus heureuses dispositions. Le but essentiel de

la *physiologie* est par conséquent
de nous faire aimer d'avantage, non-
seulement, les personnes en qui elle
nous fait découvrir de nouvelles
beautés, mais encore celles dont les
traits peu agréables en apparence,
dédomagent l'observateur physionomiste par des marques infaillibles
des qualités que leur ame recèle,
et que le vulgaire ne peut appercevoir.

O vous ! princes et rois, qui toujours entourés du mensonge ne connaissez les hommes que par les éloges que leur prodigue un courtisan,
dont l'intérêt s'accorde avec leur élévation, ou par des calomnies dic-
tées par l'intrigue et la basse jalousie ! Êtres malheureux ! dont la seule
présence fait fuir la vérité, ou l'em-
pêche de se montrer ! soyez physionomistes ! étudiez ce grand art,

qui peut seul vous guider dans le choix de vos ministres et de vos généraux ! Accoutumez-vous à connaître l'homme vertueux sous un extérieur simple et modeste! Ouvrez les yeux ! ce qu'ils verront ne pourra vous tromper , et ce que vous entendez vous trompe à chaque instant.

CHAPITRE III.

Manière d'étudier la Physiologie.

L'ÉTUDE de la *physiologie* consiste (suivant *Lavater*) à exercer le tact et le jugement, à mettre dans un vrai jour les observations qu'on aura faites, à dénoter chaque apperçu, à le caractériser et à le représenter.

Elle consiste à rechercher, à fixer, à classifier les signes extérieurs des facultés intérieures ; à découvrir les causes de certains effets, par les traits et les mouvemens de la physionomie ; à bien connaître et à savoir distinguer les caractères de l'esprit et du cœur qui conviennent, ou qui répugnent à telle forme, ou à tels traits du visage.

5

Elle consiste, à trouver des signes apparens et communicables pour les facultés de l'esprit, ou pour les facultés internes en général ; puis à faire de ces signes une application facile et sûre.

Semblable à l'architecte, qui avant de bâtir, trace le plan de l'édifice qu'il veut élever ; et calcule ensuite la dépense qu'exige son exécution, le physionomiste doit consulter ses facultés et son zèle.

Si les difficultés ne le rebutent point, s'il est assuré de les vaincre par le sentiment qu'il a de son énergie et de ses forces, voici la marche que je lui indiquerai :

Examinez d'abord avec soin ce qui est commun à tous les individus de l'espèce humaine ; ce qui distingue universellement l'organisation de notre corps, de toute au-

tre organisation animale ou végé-
tale. Cette différence une fois bien
établie, vous en sentirez d'avantage
la dignité de notre nature ; vous l'é-
tudierez avec plus de respect, et
vous en saisirez mieux les caractères.

Après cela, *étudiez séparément*
chaque partie et chaque membre
du corps humain, les liaisons, les
rapports et les proportions qu'ils
ont entr'eux. Consultez la-dessus
les auteurs : mais ne vous en fiez
pas trop aux livres. Voyez par vous-
même, mesurez par vous-même.
Commencez par dessiner seul ; ré-
pétez ensuite vos observations en
présence d'un observateur exact et
intelligent ; qu'il les vérifie sous vos
yeux, et qu'il les fasse revoir en
votre absence par un juge impar-
tial.

Distinguez les proportions des

*lignes droites d'avec les proportions
des courbes.* Si les rapports des
parties du visage et des membres
du corps répondent à des lignes
droites ou perpendiculaires, on peut
en attendre dans un dégré éminent
un beau visage, un corps bien fait,
un esprit judicieux, un caractère
noble, ferme et énergique. Ce n'est
pas cependant qu'on ne puisse être
doué de tous ces avantages, lorsque les parties du corps s'écartent
en apparence de cette symétrie,
pourvû que celle-ci se trouve dans
les rapports bien gardés des lignes
courbes. Je remarquerai que les
proportions des lignes droites sont
par elles-mêmes plus favorables,
et moins sujettes à s'altérer que les
autres.

Lorsque vous aurez acquis une
connaissance générale des parties du

corps , de leurs liaisons et de leurs
rapports ; lorsque vous les connaî-
trez assez pour expliquer dans un
dessin le trop ou le trop peu , les
écarts , les transpositions , les dé-
rangemens , lorsque vous serez bien
sûr de votre coup d'œil et de votre
discernement , alors seulement, vous
passerez à l'étude des caractères particuliers.

*Commencez par des visages dont
la forme et le caractère ont quelque chose de bien marqué ;* par des
personnes dont le caractère vous offre du moins un côté positif et non
équivoque. Prenez , par exemple ,
ou un penseur profond , ou un imbécille né ; un homme délicat , sensible , facile à émouvoir , ou bien
un homme obstiné , dur , froid , insensible.

Observez la nature du corps , et

les proportions apparentes , c'est-
à-dire celles qui peuvent être me-
surées par des lignes perpendiculaires
et horizontales. Enfin vous déterminerez successivement le front , le
nez , la bouche , le menton , et
en particulier l'œil , sa forme , sa
couleur , sa situation , sa grandeur,
sa cavité , etc.

Parcourez successivement le front,
les sourcils , l'entre-deux des yeux ,
le passage du front au nez , et le
nez même. Faites attention à l'angle
caractéristique , que forme le bout
du nez avec la lèvre de-dessus , s'il
est rectangle , obtus , ou aigu ;
voyez lequel de ces côtés l'emporte
en longueur , si c'est le haut ou le
bas. La bouche vue de profil n'admet aussi que trois formes principales. Ou la lèvre de-dessus déborde
celle d'en bas , ou elles sont placées

toutes deux en ligne perpendiculaire, ou bien c'est la lèvre de-des-
sous qui avance : il faut faire les
mêmes distinctions pour mesurer et
classifier le menton : il sera perpendiculaire, ou saillant, ou rentrant.
Le-dessous du menton décrira une
ligne horizontale, ou bien il sortira
de cette direction, soit en remon-
tant, soit en descendant. Arretez-
vous encore soigneusement, à la
courbure de l'os de la machoire, qui
est souvent de la plus grande signification. Quant à l'œil, mesurez d'a-
bord sa distance de la racine du nez,
puis observez sa grandeur, sa couleur, et enfin le contour des deux
paupières.

Après avoir étudié ainsi à fonds
un visage caractéristique, examinez
plusieurs jours de suite toutes les
physionomies que vous rencontre-

rez , et cherchez en une qui vous
offre des ressemblances frappantes
avec le sujet dont vous vous êtes
occupé. Pour mieux découvrir ces
rapports , attachez-vous d'abord uniquement au front. Le grand secret
des recherches du physionomiste ,
c'est de simp'ifier , d'abstraire et
d'isoler les traits principaux et fon-
damentaux , qu'il lui importe de connaître.

Dès que vous aurez trouvé un
front ressemblant , tachez de rapprocher ce qui manque à l'analogie
des autres traits. Ensuite approfon-
dissez le caractère de ce nouveau
personnage , et surtout le côté saillant que vous avez rencontré au pré-
cédent ; si la ressemblance des traits
est bien décidée , vous ne tarderez
pas à découvrir le signe physiono-
mique de leur conformité d'esprit.

Pour être encore plus sûr de votre
fait, épiez le moment décisif où ce
caractère dominant est mis en activité. Observez alors la ligne qui naît
du mouvement des muscles, et comparez la dans les deux visages, ces
lignes sont-elles encore pareilles, la
conformité d'esprit ne saurait plus
être un problème.

Si vous découvrez après cela un
trait tout-à-fait singulier dans la
physionomie d'un homme extraordinaire, et que le même trait repa-
raisse une seconde fois sur le visage
d'un homme distingué, sans que
vous puissiez le trouver ailleurs, ce
trait fondamental deviendra un signe positif du caractère ; et vous y
fera appercevoir une infinité de
nuances ; qui peut-être vous seraient
échappées.

Une de nos premières règles sera

donc de commencer par les caractères les plus extraordinaires. Étudiez
avant toute chose les caractères extrêmes et opposés ; d'un côté les
traits d'une bonté excessive , de
l'autre ceux d'une noire méchanceté. — Un poëte plein d'imagination
et de chaleur ; ou un esprit apathi-
que , que rien ne saurait émouvoir ,
— un imbécile né ; ou un homme
à grands talens.

Visitez pour cet effet les hôpitaux
des foux ; choisissez - y des sujets
complettement égarés ; dessinez la
forme et les traits de leurs visages ;
premièrement les traits qui leur sont
communs à tous , puis ceux qui
distinguent chacun en particulier :
Examinez où sont les signes caractéristiques de la folie.

Si vous manquez de tems , d'occasion et de facilité , pour embrasser

dans votre plan toutes les parties
d'un visage, attachez-vous de pré-
férence à deux lignes essentielles qui
vous dédommageront en quelque
sorte du reste, et qui vous donne-
ront la clef de tout le caractère de
la physionomie ; je parle de la fente
de la bouche et de la ligne que la
paupière supérieure décrit sur la
prunelle. Les entendre à fond, c'est
avoir l'explication de tout le visage.
A l'aide de ces deux linéamens, il
est possible, et même aisé de déchiffrer les qualités intellectuelles
et morales d'un individu quelconque. Nos meilleurs peintres ne font
pas assez d'attention à ces deux
traits, desquels dépend en grande
partie le mérite de la ressemblance,
et presque toujours ils sont plus
maniérés que les autres.

Rien n'est plus difficile que de

bien observer les hommes dans le commerce ordinaire de la vie et pendant la veille. Avec mille occasions de les voir , il est rare d'en trouver une seule , où l'on puisse sans indiscrétion les étudier à son aise ; le physionomiste devrait donc tâcher d'observer aussi des personnes endormies. Il les dessinera en cet état : il copiera en détail les traits et les contours : il conservera surtout les attitudes , ne fût-ce que par des lignes générales : il saisira les rapports qui se trouvent entre le corps , la peau , les bras et les jambes. Ces attitudes et ces rapports sont d'une signification infinie , et particulièrement chez les enfans. La forme du visage y est analogue aussi , et cet accord est visible. Chaque visage répond individuellement à l'attitude du corps et des bras.

Les morts fournissent un nouveau sujet d'étude. Leurs traits acquièrent une précision et une expression qu'ils n'avaient ni dans la veille, ni dans le sommeil. La mort fait cesser les agitations auxquelles le corps est en proie, tant qu'il est uni à l'ame. Elle arrête et fixe ce qui auparavant était indécis et vague. Tout se remet au niveau. Tous les traits rentrent dans leur vrai rapport, pourvu qu'ils n'ayent pas été détraqués par des maladies trop violentes, ou par des accidens extraordinaires.

L'étude des silhouettes, et des figures moulées en plâtre, est encore une chose très-utile au physionomiste. Il ne faut pas non plus qu'il néglige celle des portraits et des tableaux d'histoire.

Parmi les peintres et les dessinateurs, il y en a bien peu qui ayent été physionomistes ; presque tous se sont bornés à exprimer le langage des passions, et ils n'ont pas été plus loin ; il en est cependant, dont les ouvrages méritent à tous égards une attention particulière.

On peut étudier chez le *Titien* la noblesse du style, le naturel et le sublime de l'expression, les visages voluptueux.

Michel-Ange nous fournira des caractères énergiques, fiers, dédaigneux, sérieux, opiniâtres, invincibles.

Nous admirerons dans les têtes du *Guide* l'expression touchante d'un amour tranquille, pur, céleste.

Les ouvrages de *Rubens* nous offriront les linéamens de la fureur, de la force ; de l'ivrognerie, de tous les excès du vice.

Wander-Werf sera notre modèle pour les physionomies modestes et souffrantes.

Nous chercherons chez *Lairesse*, chez le *Poussin*, et surtout chez *Raphaël*, une composition simple, la profondeur dans les pensées, le calme de la noblesse, un sublime inimitable. *Raphaël* ne saurait être assez étudié ; mais ce n'est que dans le grand genre, auquel ses figures et ses airs de tête se rapportent toujours.

Il ne faut pas attendre beaucoup de noblesse de *Hogarth*, le vrai beau n'était guère à la portée de ce peintre, que je serais tenté d'appeler le *faux prophète de la beauté :* mais quelle richesse inexprimable dans les scènes comiques ou morales de la vie ! personne n'a mieux caractérisé les physionomies basses, les mœurs crapuleuses de la lie du peuple , les charges du ridicule , les horreurs du vice.

Gérard Dow a bien rendu les caractères bas et ceux des frippons , les physionomies qui expriment l'attention. On voit à Dusseldorf un tableau de lui , représentant un charlatan entouré de la populace : ce morceau serait une excellente théorie pour les lignes physionomiques.

Je consulterais *Wilkenloon* , pour l'expression de l'ironie.

Spranger pour les positions violentes.

Callot avait le talent de représenter avec un naturel singulier les mendians , les filoux , les bourreaux. C'est aussi le genre de *A. Bath.*

Je choisirais *Henri Goltius* et *Albert Durer* pour toute sorte de sujets comiques et bas , pour les paysans , les valets etc.

Martin de Vos , *Lucas de Leyde* et *Sébastien Brand* , ont excellé dans le même genre ; mais on trouve aussi chez eux des physionomies pleines de noblesse.

Rembrand entr'autres mérites , avait celui de rendre les passions du petit peuple.

Annibal Carache , entendait supérieurement le comique et les charges de toute espèce. Il avait surtout le talent si nécessaire aux physionomistes, de présenter le caractère en peu de traits.

Chodowiecki seul vaut toute une école ; ses enfans, ses jeunes filles , ses mères de famille , ses valets sont admirables. Chez lui chaque vice a ses traits caractéristiques , chaque passion les attitudes et les

6

gestes qui lui conviennent. Il a étudié en observateur habile tous les
rangs de la société. La cour et la
ville, le bourgeois et le militaire
lui fournissent tour-à-tour les scènes
les plus variées et les plus vraies.

Schellenberg a un tact particulier pour rendre les ridicules de
province.

On peut citer de *Lafage* ses bac-
chanales, ses physionomies gaies
et voluptueuses.

Rugendas est le peintre de la fureur, de la douleur, des grands
effets de la passion.

Bloemaert n'a pour lui que les
attitudes qui marquent l'abattement.

Les têtes de *Schlütter* gravées
à l'eau forte par *Rode*, caractérisent à merveille la souffrance dans
les grandes ames.

Le gigantesque est le genre fa-

vori de *Fuerly* , son génie s'exerce
sur des caractères énergiques. Il
peint à grands traits les effets de
la colère , de la frayeur et de la
rage , toutes sortes de scènes terribles.

Toutes les passions se trouvent
réunies dans les yeux , les sourcils
et les bouches de *Lebrun*. C'est
d'après lui que j'ai fait dessiner
toutes les expressions des passions ,
dont je parlerai dans cet ouvrage.

Je vais transcrire ici de *Lavater*
plusieurs articles qui renferment
d'excellens principes sur l'étude de
la physiologie.

I.

La nature , a modelé tous les
hommes d'après une forme fondamentale. Plus l'extérieur d'un individu s'écarte de cette forme , plus
il est choquant : au contraire, plus

il s'en approche, plus il a de beauté et de perfection.

Cependant un extérieur rebutant n'exclud pas toujours de grandes facultés intellectuelles. Le génie et la vertu se cachent quelquefois dans une cabane obscure. Pourquoi ne pourraient-ils pas aussi quelquefois revêtir une forme irréguliere ? mais d'un autre côté ; on doit convenir qu'on rencontre telle et telle forme, où le génie et la noblesse du senti-ment ne sauraient trouver entrée. Le physionomiste s'appliquera donc à connaître quelles sont les formes ré-gulièrement belles qui appartiennent exclusivement aux grands esprits, quelles sont les formes irrégulieres qui conservent encore assez d'espace pour admettre le talent et la vertu, ou qui, en retrécissant cet espace d'un côté, concentrent peut-être d'avantage l'énergie des dispositions naturelles.

I I.

Lorsqu'un trait principal du visage est significatif, le trait accessoire le sera aussi. Le dernier a son principe comme le premier. Tout a ses causes, ou rien n'en a.

I I I.

Le plus beau des visages est susceptible de dégradation. Il n'en est point de si laid qui ne puisse prétendre à l'embellissement ; bien entendu cependant, que dans ces changemens, la forme du visage et le genre de la physionomie conservent toujours leur base primitive.

C'est au physionomiste à étudier les dégrés de la perfectibilité, ou de la corruptibilité de chaque forme de visage. Il faut qu'il combine souvent l'idée d'une belle action avec un visage rebutant, et réciproquement l'idée d'une action vile avec une physionomie heureuse.

I V.

Etudiez avec une attention particulière les visages auxquels vous trouverez un défaut total de correspondance. Deux visages qui offrent un parfait contraste, sont un spectacle intéressant pour le physionomiste.

V.

Abandonnez-vous toujours aux premières impressions, et même fiez-vous y plus qu'aux observations. Vos apperçus sont-ils le résultat d'un sentiment involontaire excité par un mouvement subit ? Soyez sûr que la source en est pure, et que vous pouvez vous passer de recourir à

l'induction. Ce n'est pas cependant
qu'il faille négliger les recherches :
mais lorsqu'elles s'accordent avec la
première impression , suivez les sans
crainte.

V I.

De toutes les observations que
vous avez occasion de faire , n'en né-
gligez aucune , quelque fortuite ,
quelque indifférente qu'elle paraisse.
Recueillez-les toutes avec un soin
égal ; tôt-où-tard vous en connaî-
trez l'utilité.

V I I.

Remarquez les différentes natu-
res , les grandes , les moyennes , les
petites , les contrefaites. Examinez
ce qui est commun à chacune.

V I I I.

Remarquez aussi la voix , comme
font les Italiens dans leurs passe-
ports et dans leurs signalemens. Dis-

tinguez si elle est haute ou basse ;
forte ou faible, claire ou sourde,
douce ou rude, juste ou fausse.
Observez quelles sont les voix et les
fronts qui s'associent le plus souvent : pour peu que vous ayez l'o-
reille délicate, comptez que le son
de la voix vous fournira bientôt des
indices sûrs, auxquels vous reconnaîtrez la classe du front, du tempérament et du caractère.

I X.

Distinguez ce qui est naturel ou
accidentel, ce qui est produit par
des causes violentes. Tout ce qui
est naturel est continu, et cette
continuité est le sceau que la nature
imprime à toutes les formes qui ne
sont pas monstrueuses.

X.

Je ne prétends pas que le phy-

sionomiste doive toujours juger en
dernier ressort sur un signe unique.
Je dis seulement qu'il le peut dans
certains cas. Certains traits particuliers sont quelquefois décisifs. Souvent le front, le nez, les lèvres,
les yeux, annoncent exclusivement
l'énergie ou la faiblesse, la pénétration ou la stupidité, l'amour ou
la haine. Observez avec soin la
forme, la couleur, la chair, les os
et les muscles; la souplesse ou la
roideur des membres, les mouvemens, l'attitude, la démarche et la
voix; les expressions, les actions,
les passions, les ris et les pleurs;
la bonne et la mauvaise humeur;
l'emportement et le calme.

Peu-à-peu vous parviendrez à
deviner une partie par l'autre. La
connaissance d'un ou deux détails
vous conduira à un troisième, et

successivement à tous les autres.
Vous déterminerez d'après le son
de la voix la forme de la bouche,
et celle-ci vous fera pressentir les
paroles qu'elle va prononcer. Vous
jugerez du style par la forme du
front et réciproquement.

X I.

Il est pour la physionomie des
momens décisifs, qu'il importe essentiellement d'observer. Tel est celui
d'une rencontre imprévue, ou seulement le premier abord ; l'instant
où l'on se présente dans une com-
pagnie, celui où l'on sort. Tel est
encore d'une façon plus particulière,
le moment ou une passion violente
est sur le point d'éclater, et le moment qui suit ce premier éclat. Tel
est surtout celui ou la passion est
subitement réprimée par la présence

d'un personnage respectable: C'est
dans cette dernière circonstance,
qu'on découvre d'un même coup
d'œil, et la force de la dissimulation,
et les traces encore subsistantes de
la passion.

Souvent un mouvement de tendresse ou de pitié, de tristesse, de
colère ou d'envie, suffit pour faire
juger du caractère d'un homme. Mettez en opposition le calme le plus
parfait, et l'emportement le plus violent. Comparez ces deux états, et
vous verrez ce que chaque individu
est ou n'est pas, ce qu'il pourra
être, ou ce qu'il ne sera jamais.

X I I.

Le degré d'attention que donne
une personne à qui on parle, déter-
mine en elle le degré de jugement,
de bonté d'ame, d'énergie. Celui

qui est incapable d'écouter est incapable de sagesse et de vertu. Aussi
un seul visage où se peint l'attention vous fournira des indices, qui
vous aideront à déchiffrer les qualités les plus estimables.—Un homme
que vous verrez fixer d'un regard
attentif et tranquille chaque objet
dont il s'occupe, est un sujet d'étude
admirable pour le physionomiste.

X I I I.

Voici quelques traits dont le con-
cours promet la physionomie la plus
heureuse.

Une conformité frappante entre
les trois parties principales du visage,
le front, le nez et le menton.

Un front qui repose sur une baze
presque horizontale avec des sourcils presque droits, serrés et hardiment prononcés.

Des yeux bleus ou d'un brun
clair, qui paraissent noirs à une petite distance, et dont la paupière
de dessus ne couvre que le quart
ou un cinquième de la prunelle.

Un nez dont le dos est large et
presque parallèle des deux côtés,
avec une legère inflexion.

Une bouche d'une coupe horizontale, mais dont la lèvre de dessus
s'abaisse doucement par le milieu.
La lèvre inférieure ne doit pas être
plus épaisse que celle d'enhaut.

Un menton rond avancé en saillie.

Des cheveux courts, d'un brun
foncé, et qui se partagent en grosses
boucles frisées.

Voilà les traits dont l'assemblage
heureux paraît à *Lavater*, du meilleur augure, et par conséquent de
la plus grande beauté. Il termine
ce fragment par une observation

parfaitement juste. Je suis persuadé, dit-il au physionomiste que plus vous ferez de progrès, plus vous apprendrez à être indulgent et circonspect.. Vous serez tour-à-tour confiant et timide ; mais plus vous acquerrez de connaissances, et plus vous serez reservé dans vos jugemens.

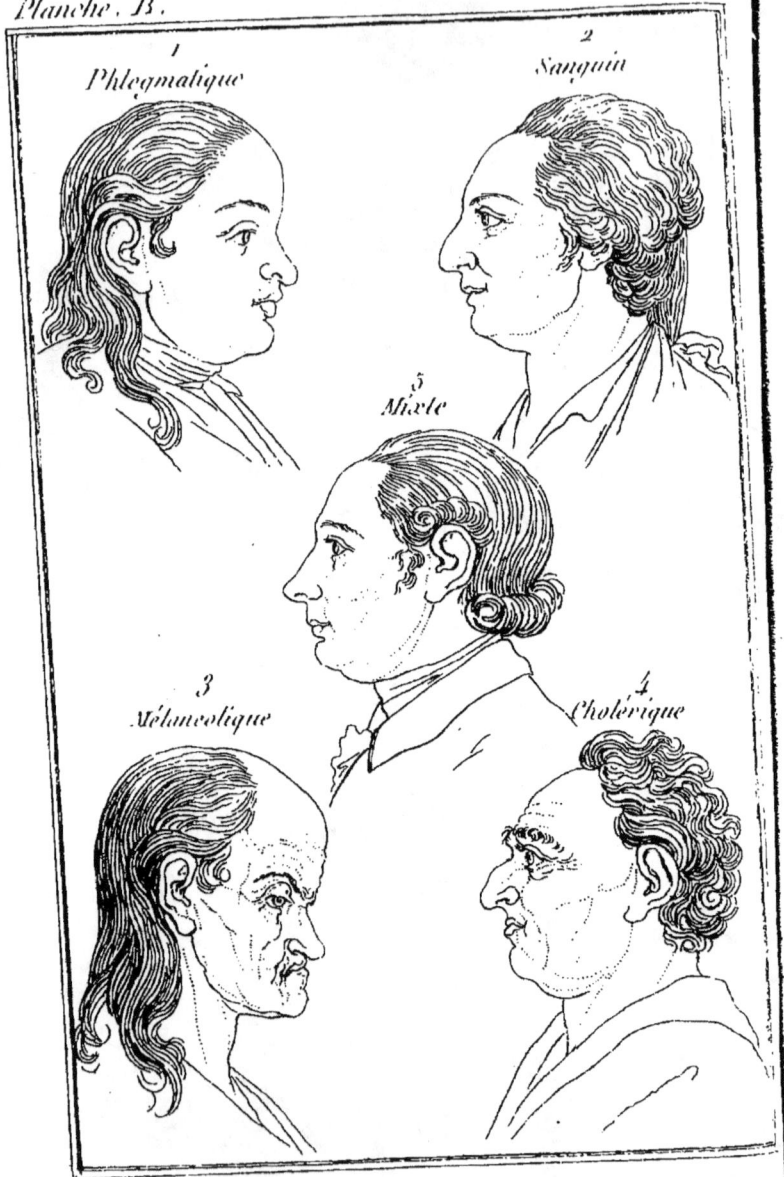

Planche. B.

1
Phlegmatique

2
Sanguin

5
Mixte

3
Mélancolique

4
Cholérique

II. DIVISION.

Inclinations naturelles ayant rapport à la Physiologie.

CHAPITRE PREMIER.

Des Tempéramens.

DE même que chacun de nous a sa forme et sa physionomie , de même aussi chaque corps humain à son tempérament particulier. L'humidité , la sécheresse , la chaleur et le froid , sont les quatre qualités principales du corps, comme aussi ces quatre qualités ont pour base les quatre élémens, l'eau, la terre, le feu et l'air.

De là naissent quatre tempéra-mens principaux : le colère où la chaleur domine, le flegmatique où l'humidité a le dessus, le sanguin où il y a plus d'air, et le mélan-colique où la terre prévaut. C'est-à-dire que l'élément dominant est celui qui fournit le plus de par-celles dans la composition de la masse du sang et du suc nerveux ; c'est dans cette dernière partie sur-tout qu'il se convertit en substances infiniment subtiles, et pour ainsi dire, volatiles.

Dans l'estimation des tempéra-mens, ou plutôt du degré d'irrita-bilité sur un même objet donné, il faut distinguer soigneusement deux choses : une tension momentanée, et l'irritabilité en général ; ou en d'autres

termes, la *physionomie* et le *pathos*
du tempérament.

On observera encore que la tem-
pérature ou l'irritabilité du systême
nerveux de chaque être organique
répond à des contours déterminés ;
que le profil seul par exemple, offre
des lignes dont la flexion permet
d'établir le dégré d'irritabilité.

Tous les contours du profil du
visage ou du corps humain en général présentent des lignes caractéristiques, que nous pouvons considérer
au moins de deux manières différentes ; d'abord suivant leur nature
intérieure, ensuite d'après leur position. Leur nature intérieure, est
de deux sortes, droite ou courbe ;
l'extérieure est ou perpendiculaire,
ou oblique. L'une et l'autre ont plusieurs subdivisions, mais qu'il n'est
pas difficile de classifier. Si l'on ajou-

7

tait encore à ces contours du profil
quelques lignes fondamentales du.
front, placées les unes au-dessus des
autres, je ne douterais plus qu'on
ne parvint à en déduire la tempé-
rature de chaque individu, le plus
haut et le plus bas dégré de son irritabilité, en un mot sa physionomie.

Le *Pathos* du tempérament, l'instant de son irritation effective, se
montre dans le mouvement des muscles, lequel est toujours dépendant
de la constitution et de la forme de
l'individu. Il est vrai que chaque
tête est susceptible jusqu'à un certain dégré de tous les mouvemens
des passions; mais comme ce dégré
est infiniment plus difficile à trouver
et à déterminer, que les contours
dans l'état de repos, et que ceux-ci
nous mettent d'ailleurs à portée de
juger par induction, du dégré d'é-

lasticité et d'irritabilité, on pourrait,
pour commencer , s'en tenir à ces
contours seuls , et même se con-
tenter de la ligne du visage en profil , ou de la ligne fondamentale du
front , puisque la tête est le sommaire de tout le corps , et que le
profil ou la ligne fondamentale du
front est à son tour le sommaire
de la tête. Plus une ligne approche
de la forme circulaire , et à plus
forte raison de l'ovale , plus elle répugne à la chaleur du tempérament
colère ; au contraire elle en est l'indice plus ou moins certain , à mesure qu'elle est droite , oblique ou
coupée.

Dans le N°. 1 , planche B , tout
montre le flegmatique. Toutes les
parties du visage sont émoussées,
charnues , arrondies , les sourcils
hauts et peu fournis , le front ar-

rondi , également incapable d'énergie et de réflexion.

Le N°. 2, est l'image d'un sanguin.
Ses vaisseaux accoutumés à se gon-
fler au moindre mouvement , sont
marqués sur son visage. Ses yeux
sont animés et sa bouche décèle un
penchant au plaisir.

On reconnaît le colérique (N°. 4)
à l'épaisseur des sourcils , à la
pointe du nez aigue et énergique ,
la narine large , et marquant une
respiration plus forte. Chez les gens
fort colères on apperçoit beaucoup
de blanc au-dessous de la prunelle,
et en même tems la paupière supérieure se retire, au point qu'elle dis-
parait presqu'entièrement, tant que
l'œil reste ouvert ; ou bien si l'œil
est enfoncé, les contours en sont
vigoureusement prononcés. Ceux
du flegmatique au contraire, sont

plus mous , plus émoussés , plus
flasques et moins tendus. Vu de
profil , l'œil du colère présente des
contours fortement courbés , tandis que chez le flegmatique ils sont
légèrement ondés. Une lèvre de dessous qui avance est toujours l'indice de ce dernier tempérament ,
elle provient de la surabondance et
non de la disette des humeurs ; si
en outre elle est anguleuse et fortement exprimée , elle devient la
marque d'un flegme mêlé d'une
teinte colérique , c'est-à-dire, d'une
humeur tranquille , qui peut se laisser aller aux premiers bouillons de
la colère. La lèvre d'en bas est-elle
molle , écourtée , pendante — alors
c'est du flegme tout pur.

On reconnaîtra sans doute une
grande vérité dans le profil du *mélancolique* (N°. $\frac{3}{4}$). Ce regard opi-

niatrément baissé ne se relevera pas
pour contempler et admirer les mer-
veilles du firmament. Un point obscur l'attache à la terre, et absorbe
toutes ses pensées. La lèvre, le menton, les plis de la joue, annoncent
une ame sombre et chagrine, qui ne
s'ouvre jamais à la joie. L'ensemble
de la forme et les sillons du front,
répugnent absolument à la gaîté ;
tout, jusqu'à ces longs cheveux plats,
ajoute à l'air de tristesse qui est répandu sur cette figure.

Il y a des mélancoliques d'un tempérament très sanguin. Irritables au
dernier point, doués d'un sentiment
moral exquis, ils se laissent entraîner au vice. Ils le détestent et n'ont
pas assez de force pour lui résister.
La tristesse et l'abattement auquel
ils sont livrés, se peignent dans leur
regard qui cherche à se cacher, et

dans quelques petites rides irrégu-
lières qui se forment sur le front ;
et tandis que les mélancoliques proprement dits ont ordinairement la
coutume de fermer la bouche , ceux
dont je parle , la tiennent toujours
un peu entr'ouverte. Souvent les
gens mélancoliques ont les narines
petites : rarement vous leur trouverez les dents belles ou bien rangées.

On remarque en général que les
personnes gaies ont de belles dents.
Cela vient , sans doute , de ce que
leur bouche s'ouvrant à chaque instant pour rire , l'air qui est le sou-
verain conservateur et réparateur
de tout, frappe plus souvent leurs
dents et en fortifie l'émail. Chez les
mélancoliques au contraire ; les lèvres sont presque toujours jointes ,
ou même pressées l'une contre l'autre
; de sorte que leurs dents n'é-

tant point rafraichies par le contact de l'air , perdent peu-à-peu leur émail et deviennent très aisées à carier. Par la même raison on a observé plus d'une fois que les personnes qui dorment la bouche ouverte, ont les dents belles et d'un superbe émail.

Le tempérament *mixte*, (N°. 5) est très difficile à caractériser. Sa physionomie est trop marquée pour le flegmatique, trop douce pour le colère , trop sérieuse pour le sanguin, trop ouverte, pas assez profonde, ni assez sillonnée pour le mélancolique. Un homme de cette trempe ne produira rien de neuf : mais il s'entendra à choisir , ranger et combiner les matériaux qui sont à sa disposition. Une grande mémoire , une élocution aisée , le choix des expressions, beaucoup de zèle à poursuivre un

but — voilà ce qui semble distinguer particulièrement les physionomies de cette espèce.

Il y a des physionomies qu'on serait tenté d'appeller *pétrifiées*. Elles
sont isolées, n'intéressent personne,
ne participent à rien, ne sont susceptibles de rien, et se communi-
quent difficilement. Ces sortes de
gens ne sont ni bons ni mauvais,
ni sensés ni insensés, ils n'ont ni
vices ni vertus, et leur caractère
est de n'en point avoir.

Il ne sera pas inutile d'indiquer
en peu de mots quelques observations et de proposer quelques ques-
tions sur ce qui regarde les tempéramens.

Première question. L'homme doit-
il subjuguer son tempérament, ou
travailler à le détruire ?

Il serait je crois tout aussi impossible de changer tout-à-fait notre tempérament que de changer nos sens ou nos muscles.

Naturam expellas furcâ, tamen usquè recurret.

Cette entreprise serait entièrement au-dessus de nos forces , et les efforts que nous ferions pour y réussir ne pourraient qu'aigrir de plus en plus notre caractère. Lorsque nos esprits ont pris un cours , il n'est pas en notre pouvoir de l'arrêter, ou de le détourner. Ils sont indépendans de notre volonté, comme la circulation du sang , ou la respiration. Ainsi tout le secours de la philosophie se borne à étudier le penchant que la nature nous a donné , à éviter les occasions qui peuvent y donner lieu , et le réveiller ; en un mot à fuir cet ennemi secret, au lieu de le combattre.

Je ne parle ici que des penchans naturels et inhérens, pour ainsi dire, à notre constitution, car il en est, que la mauvaise éducation, ou une imagination déréglée, ont pu faire naître en nous, et que l'habitude enracine dans notre être, au point que, pour leur résister, nous sommes forcés d'employer tous les secours de la philosophie. Mais enfin on peut les éteindre; il en est de ceux-ci, comme d'une plante parasite et étrangère, que les soins et la culture détruisent dans un terrein qui n'était pas fait pour elle.

Seconde question. Comment un père colère doit-il traiter et guider son fils colère? une mère sanguine, sa fille mélancolique? un ami flegmatique son ami colère? en un mot, de quelle manière un tempérament

doit-il se comporter envers un autre tempérament ?

À cela je répondrai : qu'il faut éviter autant qu'il est possible d'établir
des relations immédiates entre deux
tempéramens contraires, qu'il convient de leur ménager toujours l'in-
tervention d'un troisième qui tienne
des deux autres. Un homme colère
doit éviter de traiter avec un autre
homme colère, sans le secours d'un
flegmatique sanguin. Un sanguin se
gâtera en se liant avec quelqu'un
qui l'est autant que lui. Un tempérament fort colère fatiguera le
flegmatique jusqu'à l'épuiser, en
excitant en lui une trop grande tension. Gardez-vous de rapprocher le
mélancolique du sanguin ; et ne
mettez jamais celui-ci à coté d'un
colère, sans leur donner pour mé-
diateur un sanguin flegmatique.

Troisième question. Quel genre d'occupation doit-on assigner à chaque tempérament ?

Il faut proposer à chaque tempérament des choses qui ne soient ni tout-à-fait analogues, ni tout-à-fait opposées à sa constitution. Dans le premier cas il se néglige, et dans le second il se rebute. Il n'y a pas de vertu à suivre l'impression du tempérament, mais il est dangereux de devoir toujours lutter contre lui.

Quatrième question. Quels sont les traits distinctifs de la physionomie pour chaque tempérament, dans des âges et des sèxes différens ?

Le tempérament mélancolique creuse et contracte de plus en plus les traits du visage ; le sanguin les ride toujours d'avantage ; le colère les courbe et les aiguise ; le flegmatique les affaisse et les relâche.

Cinquième question. Quels sont les tempéramens les plus propres à l'amitié ?

Le lierre s'attache à l'ormeau qui le soutient. L'abeille, l'oiseau timide, le faible agneau ont des amis, une société. Le lion n'en a pas. Ainsi l'homme sans force et sans caractère, a besoin d'amis, pour les consulter dans ses projets, ou pour leur faire partager ses plaisirs et ses peines. C'est donc ou parce qu'il manque de caractère pour se décider seul, ou parce qu'il ne se sent pas assez de courage pour suffire aux affections de son ame ; c'est en un mot par faiblesse que nous aimons, et plus nous sommes faibles, plus nous avons d'amis.

Vérité dure ! mais incontestable ! d'un autre côté ; si nous considérons les malheurs qui nous assiègent

depuis le premier moment de notre
existence , jusqu'au dernier soupir ,
combien faudrait-il de force pour
résister seul à l'orage ! L'homme le
plus courageux n'a-t-il pas aussi
des momens de faiblesse ? c'est alors ,
qu'il est doux de trouver des consolations dans le sein d'un être sensible. Le caractère le plus inflexible
éprouve plus d'une fois en sa vie ,
des momens de sensibilité et d'attendrissement. Il sent alors le besoin
d'avoir un ami. Que deviendra le
malheureux, s'il se trouve sans appui ? souvent une parole douce , un
seul mot de consolation porte un
beaume salutaire sur les blessures
les plus profondes de notre cœur.
L'amitié adoucit la douleur, comme
le sommeil répare les fatigues. L'un
et l'autre prouvent notre faiblesse ,
l'un et l'autre en sont les soutiens

et les réparateurs : mais hélas ! le malheureux ne trouve ni sommeil ni amitié.

Ce serait ici le lieu de parler des vrais amis. — Où sont-ils ? — j'ai parcouru bien des grandes villes, et je n'en ai pas encore trouvé. J'ai habité les champs et j'ai vu avec douleur que l'envie respirait sous le chaume comme dans les palais. Où trouver la véritable amitié ! — elle est rare à Paris ; pour moi je n'y croirai qu'au retour du siècle d'or.

Quoiqu'il en soit, ne trouvant pas sous mes yeux d'exemple moderne, j'aurai recours aux bons amis dont l'antiquité nous parle, *Oreste* et *Pylade* m'offrent un grand modèle d'amitié. Or l'un était colère, même furieux, et l'autre avait assez de courage et de douceur, pour

partager la tristesse de son ami.
Nous pouvons conclure par induction qu'il faut pour l'amitié , un
tempérament colérique adouci par
la mélancolie. Ce dernier tempérament s'accorde d'ailleurs parfaitement avec la rêverie douce et paisible que l'amitié fait naître.

Sixième question. Quels sont les
tempéramens les plus faits pour
l'amour ?

Pour bien répondre à cette question , il faut considérer l'amour
sous deux rapports différens , savoir :
l'attrait du plaisir , et la liaison où
la convenance de deux ames sensibles.

La nature toujours sage , toujours
fidèle à ses principes a attaché une
jouissance à tous les actes physiques
qui tendent à notre conservation ou
reproduction. Ainsi l'amour suivant

8

cette loi , se bornait au plaisir
des sens. Ce penchant , que nous
avons depuis appellé un feu céleste,
n'était alors que la jouissance du
moment , et l'amour disparaissait
avec l'éclair qui l'avait fait naître.
En exaltant notre imagination , la
société nous apprit bientôt à raffiner
sur tous les plaisirs. Alors on vou-
lut mettre un haut dégré d'importance à une chose qui en méritait
si peu. On inventa les noms de pudeur , de modestie , de fidélité , dè
constance , etc. Les deux sèxes com-
mencèrent à s'imposer à cet égard
les lois les plus sévères , sans doute ,
pour avoir le plaisir de les enfrein-
dre en cachette. Enfin on parvint à
faire de l'amour une passion. Et
quelle foule de contradictions et de
ridicules ont depuis assiégé et étouffé
ce sentiment si naturel! Quel est

l'amant qui a réfléchi un seul instant sur la promesse qu'il a fait plus
d'une fois en sa vie, d'être fidèle
jusqu'à la mort ? C'est cependant
cette promesse si peu réfléchie ,
qui devient pour l'être aimant , un
bonheur aussi peu réfléchi que la
promesse.

D'abord la pudeur présente bien
des épines , ce sexe charmant , qui
par sa conformation est plus enclin
au plaisir que le nôtre , prend une
peine extrême pour nous cacher ses
desirs. Mille refus , mille mauvais
traitemens sont mis en jeu, et tout
cela pour nous enchaîner d'avantage.
O femmes ! femmes ! vous brûlez
de céder, au moment où vous nous
repoussez avec mépris ; vous mettez
tout votre soin à exalter votre vertu
à nos yeux , c'est sans doute , pour
nous ménager une plus grande sur-

prise, au moment où il vous plaira
de nous détromper.

Mais vos efforts sont vains, la
langueur de vos yeux, la palpita-
tion de votre cœur, vous ont trahies.
L'amour est physionomiste ! — pourquoi serrer avec tant de soin son
bandeau, puisqu'un seul moment
doit suffire pour le faire tomber ?

A force de chercher quelque chose
de surnaturel à une passion tout-
à-fait humaine, et lui donner plus
de force, nous l'avons entourée, et
renforcée, pour ainsi dire, de toutes
les autres passions. L'espérance, la
crainte, la douleur, la jalousie. —
La jalousie ! passion effrénée qui
punit les hommes de l'avoir inven-
tée ! monstre affreux qui nous pour-
suit et nous dévore au sein des plus
douces jouissances ! — Elle plane
sur nous et nous accable, comme

ces songes effrayans qui pèsent sur notre sein , dans un sommeil agité, et nous offrent mille dangers , mille morts , mille tourmens, qui n'existent que dans notre imagination déréglée. Ainsi la jalousie voltige sans cesse autour de nous , et renouvelle à chaque instant les maux que nous enfantons nous-même , et auquels nous nous livrons avec un affreux plaisir.

L'amour a donc subi l'altération, la corruption dont la société a atteint toutes les affections de notre ame , et cette folie qui l'accompagne est devenue pour tous les êtres sensibles une source inépuisable de peines. Ainsi pour nous faire aimer les jouissances de l'amour, il faut un tempérament sanguin ; et un tempérament flegmatique , pour adoucir et nous faire supporter l'a-

mertume de ses chagrins. En un
mot le tempérament sanguin est
propre au plaisir des sens ; et le
sanguin flegmatique est fait pour
l'amour considéré comme passion.

CHAPITRE II.

De la force et de la faiblesse des constitutions.

ON appelle force de corps, cette faculté naturelle de l'homme, en vertu de laquelle il agit puissamment et sans effort sur un autre corps, sans céder aisément lui-même à une impulsion étrangère : plus un homme est difficile à être mû, plus il est fort — moins il résiste au choc d'un autre corps, plus il est faible.

On distingue deux sortes de forces ; l'une *tranquille*, dont l'essence consiste dans l'immobilité ; l'autre *vive*, qui a pour essence le mouvement, c'est-à-dire, qui le produit sans y céder elle-même. Celle-ci

rappelle l'élasticité d'un ressort ;
celle-là la fermeté d'un rocher.

Je mets au premier rang des gens
forts ces espèces d'Hercules, chez
qui tout annonce la constitution la
plus robuste ; ils sont tout os et
tout nerf ; leur taille est élevée,
leur chair est ferme et compacte ;
ce sont des colonnes inébranlables.

Ceux de la seconde classe sont
d'une complexion qui n'a pas la
même fermeté, ni la même den-
sité ; ils ont moins de corpulence
et sont moins massifs que les précédens ; mais leur puissance se dé-
veloppe en raison des obtacles qu'elle
éprouve. Lutte-t-on contr'eux ? veut-
on reprimer leur activité ? ils soutiennent le choc avec vigueur, et le
repoussent avec une force élastique,
dont les gens les plus nerveux seraient à peine capables.

La force naturelle de l'éléphant
dépend de son système osseux ;
irrité ou non , il porte des fardeaux
immenses ; il écrase sans aucun effort , et sans le vouloir , tout ce
qu'il rencontre sous ses pas. La
force d'un lion irrité est d'un genre
bien différent : mais ces deux espèces de forces supposent la solidité
des parties fondamentales , et la
même solidité dans l'ensemble.

La mollesse du corps en détruit
la force. Il est donc facile de juger
de la force primitive d'un homme
par la mollesse ou par la solidité
de sa complexion. De même aussi
un corps élastique a des signes distinctifs. Quelle différence entre le
pied de l'éléphant et celui du cerf,
entre le pied d'une guêpe et celui
d'un moucheron !

Une force solide et tranquille se

manifeste par une taille bien proportionnée, plutôt trop courte que
trop haute, par une nuque épaisse,
de larges épaules, un visage plus
osseux que charnu, même en pleine
santé.

Voici quelques autres signes qui
annoncent cette espèce de force.
Un front court, compact et même
noué. Des sinus frontaux bien marqués, qui n'avancent pas trop, et
qui sont entièrement unis au milieu,
ou fortement incisés; mais dont la
cavité ne doit pas se borner à un
simple applatissement de la surface.
Des sourcils touffus et serrés, placés horizontalement et qui joignent
les yeux de près. Des yeux enfon-
cés et un regard assuré. Un nez
large, ferme, osseux près de la racine. Des contours droits et angulaires; les cheveux et les poils de

la barbe courts , frisés et épais. De petites dents un peu larges et bien rangées. Des lèvres closes et dont celle de dessous déborde plutôt qu'elle ne recule. Un large menton qui avance. L'os occipital noueux et saillant. Une voix pleine. Une démarche ferme.

La force élastique , la force vive, qui est un effet de l'irritation , doit être apperçue dans le moment de l'activité : mais on observera de faire abstraction des signes de cette activité , lorsque la force irritée sera réduite à son état de repos. On dira donc que tel corps , qui dans l'inactivité est capable de si peu de chose , qui opère et résiste alors si faiblement , peut être irrité et tendu jusqu'à tel point , peut acquérir tel dégré de vigueur. Il se trouvera que cette espèce de force , qui est réveillée par l'irritation, réside la plupart du tems dans un corps délié, assez haut de taille, sans pourtant l'être trop, et en même tems plus osseux que charnu. Vous reconnaîtrez presque toujours à ces sortes de personnes un teint pâle tirant sur le brun ; le mouvement prompt quoiqu'un peu roide ; une démarche ferme et rapide ; le regard fixe et perçant ; des lèvres bien façonnées, qui joignent légèrement, mais exactement.

Les indices suivans sont ceux de la faiblesse, une grande structure sans proportion ; beaucoup de chair et peu d'os ; la tension des muscles ; une contenance mal assurée ; une peau lache ; les contours du front et du nez arrondis, émoussés, et surtout creusés ; un petit nez et de petites narines ; le menton court et

rentrant ; un long cou cylindrique ;
le mouvement ou foit rapide , ou
fort lent , mais dans l'un et l'autre
cas point de démarche ferme ; le
regard sombre ; les paupières abat-
tues ; la bouche béante ; les dents
longues , jaunâtres , ou verdâtres ;
une machoire allongée , avec une
emboîture près de l'oreille ; la chair
blanche ; une chevelure blonde ,
douce et longue , la voix claire. etc.

CHAPITRE III.

Physionomie des malades.

SI un médecin pouvait dire en voyant une personne , vous avez telle maladie à craindre , prenez telle ou telle précaution , quels grands avantages pourraient résulter d'une telle prévoyance !

Zimmermann, dans son admirable *traité de l'expérience ,* caractérise parfaitement l'état des différentes maladies produites par les passions. « Un esprit observateur, dit-il , recherche la physionomie des malades. Cette physionomie se communique il est vrai, à toute l'étendue du corps, mais on apperçoit en particulier dans l'air du visage et dans

les traits, des signes qui font juger
de la nature de la maladie, de ses
changemens et de ses progrès. Le
malade a souvent la mine de la maladie ; cela se voit dans les fièvres
chaudes, étiques et billieuses, dans
les pâles couleurs, dans la jaunisse,
dans la bille noire, et dans les maladies des vers.

» Cette mine dont je parle ne saurait échapper à l'observateur le moins
attentif, surtout dans les ravages
du mal vénérien. Dans les fièvres
chaudes, plus le visage perd de son
air naturel, plus il y a de danger.
Un homme dont le regard était autrefois doux et serein, et qui le visage
en feu, me fixe d'un œil inquiet
et effaré, me fera toujours craindre
un dérangement d'esprit. D'autres
fois, et dans les inflammations de
poitrine, j'ai vu pâlir le visage, et

le regard s'égarer à l'approche d'un
paroxisme qui transissait de froid le
malade , et le laissait même sans connaissance. Des yeux troublés , des
lèvres pendantes et blêmes sont de
mauvais symptômes dans les fièvres
chaudes, parce qu'ils supposent une
grande débilitation ; le danger est
très pressant , quand le visage dé-
cheoit subitement. La gangrène y
est , lorsque dans les maladies in-
flammatoires , le nez devient pointu , le teint plombé et les lèvres
bleuâtres ».

En général le visage annonce souvent l'état du malade , par des signes
qui ne reparaissent point ailleurs et
qui sont de la plus grande signification. Les yeux seuls fournissent
nombre d'observations à faire. *Boerhave* examinait ceux de ses malades
avec une loupe , pour voir si le sang

montait dans les petits vaisseaux.
Hippocrate tenait à mauvais augure lorsque les yeux du malade
fuyaient la lumière ; lorsque les larmes en découlaient involontaire-
ment ; lorsqu'ils devenaient louches ;
lorsque l'un paraissait plus petit que
l'autre ; que le blanc commençait
à rougir , les artères à noircir , à
s'enfler ou à se retirer extraordinai-
rement.

Les mouvemens du malade et son
assiette dans le lit doivent également être placés au nombre des
signes distinctifs. On voit souvent
le malade porter la main vers le
front , tâtonner dans l'air , gratter
le mur , tirailler ses draps de lit ;
et tous ces mouvemens ont leur
signification , comme ils ont leur
cause. L'assiette du malade est analogue à l'état où il se trouve , et

mérite par cette raison une attention
particulière. Plus sa situation est
incommode dans une maladie in-
flammatoire, plus elle fait juger de
l'agitation qu'il éprouve et du danger
dont il est menacé. Plus l'assiette
du malade approche de celle où il
était en pleine santé, moins il y a
à craindre pour lui.

Zimmermann fait une description
admirable de l'envie et des ravages
qu'elle exerce sur le corps humain.
« Les effets de l'envie se manifestent
déjà chez les enfans. Dominés par
ce penchant ils deviennent maigres
et languissans, et tombent souvent
dans le marasme. En général l'envie
dérange l'appétit, elle trouble le
sommeil et cause des convulsions
fébriles ; elle attriste l'esprit ; elle
fait contracter un air bourru, im-
patient et inquiet : elle dispose à

des oppressions de poitrine. La bonne
renommée d'autrui est suspendue
comme un glaîve sur la tête de l'envieux ; il cherche à tourmenter sans
cesse les autres , et il est lui-même
son plus grand tourment. Voyez le
jusques dans sa gaîté : il la perd ,
dès que son démon commence à
l'agiter , dès qu'il ne réussit point
à déprimer le mérite auquel il ne
saurait atteindre. Alors il roule les
yeux ; il remue le front , il prend un
air sombre , refrogné et boudeur ».

Tous ces effets sont les mêmes
dans les accès de jalousie causés par
l'amour ; ils sont même plus violens : mais il y a à observer que
l'homme jaloux souffre bien moins
d'être écrasé par le mérite d'un rival , que de se voir préférer celui
qu'il ne croit pas devoir entrer en
concurrence avec lui. Une pareille

situation est le comble de la douleur : mais aussi rien n'est plus
propre à dissiper les impressions
d'un amour trop ardent ; et dans
ce cas l'orgueil trop humilié d'un
amant, est à la fois la peine et la
guérison de sa jalousie. Souvent un
air mistérieux dans les moindres
choses, un mouvement d'inadver-
tance, un regard trop marqué, un
sourire qu'on cherche à dérober aux
yeux du jaloux, et qu'il surprend
par hazard — toutes ces choses enfin
qui sont quelquefois les plus innocentes du monde, causent un mal
infini à un être sensible. Point de
milieu en amour ; il faut savoir tout
sacrifier à l'objet qu'on aime. La
coquetterie, l'affectation d'esprit,
d'amabilité, l'envie de se faire voir
et admirer : toutes ces jouissances
enfin qui ne sont telles que pour les

personnes dont le cœur est libre et incapable de se fixer, causent souvent des playes profondes et détruisent le charme de l'union la plus douce et la plus durable.

Du reste, comment éviter la jalousie! cette passion est au-dessus des efforts humains ainsi que la folie. On ne pourrait pas plutôt dire à un homme : *ne soyez point jaloux*, que *n'ayez point la fièvre*. Je ne finirai point cet article sans rapporter un trait dont j'ai été témoin et qui m'a parfaitement démontré que la jalousie n'est qu'un mal interne, un ver rongeur que le moindre évènement réveille et qui doit tôt ou tard déchirer le malheureux qui en est atteint.

Deux jeunes époux s'aimaient de l'amour le plus tendre. La femme aimable et jolie était souvent obsé-

dée de ces fades adulateurs , qui
vont prodiguant par air leur encens
à toutes les belles. Quelques légertés
innocentes de sa part , firent croire
au mari qu'elle n'était pas insensible
aux soins que lui rendaient les
jeunes gens de sa société.

Plus la jalousie est profonde, moins
on ose en faire l'aveu : aussi cacha-
t-il long-tems au fond de son cœur
le poison qui le dévorait. Cependant sa tristesse et quelques momens
d'humeur qui n'étaient point dans
son caractère , surprirent la jeune
épouse. Elle l'observa et s'apperçut
que la jalousie en était la seule
cause , rien n'échappe aux yeux de
la personne qui aime; et elle aimait
son mari. Un jour qu'elle le vit
plongé dans un de ces momens de
tristesse , elle lui parla à cœur ouvert, et lui témoigna le desir d'aller

vivre à la campagne ; pour avoir
occasion de cesser toute espèce de
société avec les objets qui avaient
fait naître sa jalousie.

Le mari enchanté accepte sa pro-
position avec des transports de reconnaissance. Ils partent et ce couple
retrouve enfin la solitude et le bonheur. Mais ce bonheur, hélas ! ne
devait pas durer long-tems. Bientôt la
tristesse du mari recommence. Ne
pouvant trouver d'aliment à sa jalousie dans la conduite présente de son
épouse, le passé devint pour lui un
sujet d'inquiétude et de chagrin. N'est-
ce pas, disait-il quelquefois à sa femme, que de tous les jeunes gens de notre société M * * *. est celui dont la
présence t'était plus agréable ? elle
répondait que tous lui étaient absolument indifférens. Pourquoi n'être
pas de bonne-foi ? reprenait-il. Je

ne puis t'accuser, et en renonçant
à tout pour moi, n'as-tu pas assez
justifié ta conduite et la sincérité
de ton amour? cependant je ne puis
te pardonner le mystère que tu me
fais d'une amitié innocente et dont
tu pourrais me faire l'aveu... N'ai-je
pas surpris cent fois tes yeux fixés
sur les siens?... Ne t'ai-je pas vu
rire avec lui d'un air mystérieux?...
Bientôt l'humeur commençait, et
après quelques reproches, ce couple
amoureux se séparait les larmes aux
yeux et la mort dans le cœur.

Enfin un jour le jeune époux, honteux de troubler les momens de
tranquilité que sa vertueuse épouse
avait si bien mérités, éprouva un
moment de remords qui lui fit ou-
vrir les yeux sur toute sa conduite
passée. Il va fondant en larmes, se
jetter aux pieds de sa femme et la

supplier de revenir à Paris, au sein de ses amis et de ses parens. Le mal que j'éprouve, lui dit-il est en moi. Mon ennemi n'est point à Paris, il est au fond de mon cœur. Pardonne moi mes folies, tu sais que l'amour seul en est cause. Si la tendresse la plus vive, si la flâme la plus constante, peuvent jamais réparer mes torts, je saurai les faire oublier à mon amie.

Ils reviennent à Paris. Une succession rapide de tant de mouvemens violens que la jalousie ainsi que ce racommodement si promt avoient excité dans le cœur du mari, lui causèrent une fièvre qui le mit en grand danger de mourir. Il ne dut son salut qu'aux soins et aux attentions assidues de sa femme; sa fièvre se dissipa, il recouvra la santé avec le bonheur; car sa jalousie s'é-

tait évanouie avec la fièvre. J'ai
vu depuis cet heureux ménage.
Plutôt amans qu'époux ils se suf-
fisent l'un à l'autre et rien n'a troublé depuis le calme d'une union si
douce.

Il n'est pas douteux que la jalousie n'aît son principe dans un
mal aise intérieur , et qu'elle ne
tienne autant à la constitution de
la personne, qu'au dérèglement de
son imagination ; ou plutôt que ce
dérèglement ne vienne d'un mal
physique réel. On reconnait aisément ses symptômes. L'homme jaloux à la plupart du tems le regard
sombre, la démarche inégale, vous
l'entendez quelquefois parler seul.
D'une extrême gaîté, vous le voyez
passer sur le champ à la plus noire
mélancolie. On apperçoit dans ses
bras et dans toute sa personne des

mouvemens convulsifs. Ses lèvres tremblent et pâlisent à l'aspect de son rival. Son teint est jaune, bilieux, ou très coloré.

Il sera encore question de la jalousie, dans la seconde partie de cet ouvrage, à l'article qui traite de l'expression des passions.

CHAPITRE III.

*Passages relatifs à la Physiologie,
tirés de différens écrivains.*

BACON.

I.

« L'ÉDUCATION et les principes de
la vertu rectifient souvent nos premiers penchans et nos dispositions
naturelles.

I I.

» On dirait que les hommes d'une
l'aideur rebutante et difforme cherchent à se venger de l'affront qu'ils
ont reçu de la nature. D'où vient
qu'ils sont pour l'ordinaire difficiles,
querelleurs ou moqueurs ? Est - ce
qu'ils sentent le ridicule perpétuel

où ils se voyent exposés , et que
l'amour propre qui ne veut rien
perdre prend sa revanche du côté
de la raillerie ; ou qu'en effet ils auraient reçu du courage en dédomma-
gement ? Quoiqu'il en soit , comptez
que si vous avez un travers dans
l'esprit ou dans le corps , le sot ou
l'homme laid seront les premiers à
le remarquer.

I I I.

» Celui qui cache un grand génie
sous un dehors désagréable parvien-
dra d'autant plus sûrement, que ses
compétiteurs ne le redoutent pas.
Peut-être est-ce la laideur qui a
ouvert à plusieurs grands hommes
la carrière des honneurs. On s'é-
tonne que des empereurs ayent pris
des eunuques pour favoris ; mais
outre que des gens faibles par eux

mêmes et méprisés de tout le monde, en sont plus attachés à leur unique appui ; ne voit-on pas qu'ils les recherchaient pour l'agrément de la conversation, ou qu'ils en fesaient des confidens, des espions, des délateurs, et jamais des ministres ?

I V.

» La vertu, semblable a l'escarboucle, n'a de prix et d'éclat qu'en elle-même ; l'enchassure de la beauté ne la relève point : rarement se rencontrent-elles ensemble, comme si la nature avait plutôt évité de faire des monstres, qu'aspiré à produire des chefs-d'œuvre. La politesse et l'élégance sont les compagnes de la beauté ; mais l'élévation du cœur et du génie, n'entrent point dans cet assortiment. Il y a cependant des exceptions à faire.. *Auguste, Titus,*

Philippe le Bel roi de France ,
Edouard IV roi d'Angleterre , *Al-
cibiade* l'Athénien , et *Ismaël* le
Persan , étaient en même tems célèbres par leurs grandes qualités et
par leur beauté.

V.

» La vertu ou la méchanceté sont
les armes des personnes difformes.
Ces deux ressorts peuvent en faire
des êtres extraordinaires. *Agésilas*,
Zangar fils de *Soliman* , *Esope* ,
Gasca gouverneur du Pérou et *Socrate* en sont des exemples ».

Remarques d'un ami de Lavater.

I.

« Tout mouvement de colère fré-
quemment répété , s'annonce par

des sourcils épais, qui ont l'air de
s'enfler.

I I.

» L'orgueil alonge la forme et les
muscles du visage. La joie et les vertus sociales remettent les muscles,
et rendent au visage sa rondeur naturelle.

I I I.

» Si l'on peut juger du caractère
par les mouvemens et la démarche,
je parierais toujours cent contre un
qu'une démarche balançante indique
un homme paresseux et suffisant,
surtout si les mouvemens de sa tête
accompagnent ceux qu'il fait en
marchant.

I V.

» J'aime les fossettes que forme le
rire sur la joue. Ces traits physiques

ont selon moi un rapport moral ;
mais ils sont de plusieurs espèces.
Plus le creux approche d'un demi
cercle qui se ferme vers la bouche,
plus il semble annoncer d'amour
propre, et devient désagréable. Au
contraire, plus il va en ondoyant
et en serpentant, plus il est gracieux.

V.

» Je crois retrouver le siège de
l'ame, mieux que par-tout ailleurs,
dans les muscles voisins de la bouche : ils ne se prêtent pas au moindre déguisement. Voilà pourquoi le
visage le plus laid cesse de nous
déplaire, dès qu'il conserve encore
dans cette partie quelques traits
agréables ; voilà pourquoi rien ne
répugne autant à un homme bien
organisé, qu'une bouche de travers ».

Pensées détachées.

I.

« Le véritable génie produit la chaleur et la sensibilité du tempérament. Il ne s'accorde point avec un naturel flegmatique ou froid. Tous ses penchans, tous ses mouvemens sont rapides , violens , portés à l'extrême.

I I.

» Les plaisirs et les souffrances d'un homme de génie, ne ressemblent point aux plaisirs et aux souffrances du commun des hommes. Il sent les uns et les autres, avec une délicatesse que ceux-ci ne connaissent pas , et qu'il ne peuvent même concevoir ».

---

*Passages tirés d'un manuscrit
Allemand.*

« Il y a autant de rapport entre
le visage de l'homme et celui de la
femme, qu'il y en a entre l'âge viril
et l'adolescence.

» Nous savons par expérience
que la rudesse ou la délicatesse des
contours, est proportionnée à la
vivacité ou à la douceur du caractère. Nouvelle preuve que la nature
nous a revêtus de formes qui répondent à notre complexion.

» Ces signes extérieurs ne sauraient échapper à une ame susceptible de sentiment. Aussi voit-on
les enfans témoigner une aversion
décidée pour un homme faux, vindicatif, ou traître, pendant qu'ils

rechercheront avec empressement
l'homme doux et affable, même
sans le connaître.

» Les réflexions qu'on peut faire
sur ce sujet, présentent trois causes
différentes, les *couleurs*, les *linéa-*
mens et la *pantomime*.

» Généralement parlant, le blanc
plait aux yeux ; le noir au contraire
réveille des idées fâcheuses et lugubres. Cette différence d'impressions
provient de la répugnance naturelle
que nous avons pour les ténèbres,
et de notre prédilection pour tout
ce qui tient à la lumière ; prédilection qui se trouve aussi dans les animaux, dont plusieurs se laissent
attirer par l'éclat de la lumière et
du feu. Les raisons qui nous font
aimer la lumière, sont d'ailleurs faciles à expliquer. C'est elle qui nous
procure une connaissance exacte

des choses ; c'est elle qui fournit
des alimens à notre esprit, toujours
avide de savoir ; c'est par elle que
nous suppléons à nos besoins et
que nous évitons les dangers. Il y
a donc une physionomie des couleurs.

» Chaque partie du corps a sa
signification ; de là dans l'ensemble
cette expression étonnante , qui
nous met à portée de juger sûrement et promtement de chaque objet. C'est ainsi , pour ne citer que
les exemples les plus frappans, c'est
ainsi dis-je, qu'à la première vue ,
tout le monde regardera l'éléphant
comme un animal très intelligent ,
et le poisson comme un animal très
stupide.

» Entrons maintenant dans quelques détails. Le haut du visage jusqu'à la racine du nez est le siège

de nos pensées, le lieu où se forment nos projets et nos résolutions.
Le bas du visage est chargé de les
faire éclore.

» Un nez fort saillant, et une
bouche avancée, annoncent un grand
parleur, un homme présomptueux,
étourdi, téméraire, effronté, frip-
pon, et ces traits indiquent en général tous les défauts qui supposent
de l'audace pour entreprendre, et
de la promtitude à exécuter.

» Le nez est l'expression de l'ironie et du dédain. Une lèvre supérieure qui se renverse est le signe
de l'effronterie et quelquefois de la
menace. Si c'est au contraire la lèvre
d'en bas qui se porte en avant, elle
dénote un homme fanfaron et stupide.

» Ces signes deviennent encore
plus expressifs par le port de la

tête , soit que celle-ci se lève d'un
air de fierté , ou soit qu'elle pro-
mène à l'entour des regards orgueilleux. La première de ces attitudes
marque le dédain , et le nez y con-
court toujours efficacement. L'autre
geste est le comble de l'audace et
décide alors en même tems le jeu
de la lèvre d'en bas.

» D'un autre coté , lorsque le bas
du visage est enfoncé , il promet
un homme discret , modeste , grave
et reservé. Ses défauts seront la fausseté et l'opiniâtreté.

» Un nez droit annonce de la
gravité ; ses inflexions , un caractère noble et généreux.

» Jusqu'ici nous avons examiné
le visage dans sa longueur. Prenons
le maintenant dans sa largeur.

» Considéré sous ce point de vue ,
il offre deux espèces générales. Dans

la première, les joues forment deux surfaces presqu'égales ; le nez s'élève au milieu comme une éminence. L'ouverture de la bouche fait l'effet d'une coupure qui s'alonge en ligne droite et la courbure des machoires est peu marquée. Avec ces dimensions, la largeur du visage est toujours disproportionée à sa longueur ; il en prend un air lourd et massif, qui suppose un esprit à tous égards borné , un caractère foncièrement opiniâtre , inflexible : dans les visages de la seconde espèce , le dos du nez est fortement prononcé ; des deux côtés toutes les parties forment entr'elles des angles aigus ; l'os de la joue ne parait point. Les coins des lèvres se retirent, et la bouche aussi , à moins qu'elle ne se concentre dans une ouverture ovale. Enfin les machoires se ter-

minent vers le menton, en pointe
aigue. Les visages ainsi conformés
promettent un esprit plus délié ,
plus rusé et plus actif que ceux de
la première classe.

» Les extrêmes d'une physionomie
de cette première classe offriraient
à mes yeux l'image d'un homme
rempli de l'amour propre le plus
désordonné ; ceux de la seconde ,
peindraient le cœur le plus honnête
et le plus généreux , animé d'un
zèle ardent pour l'humanité.

» Les extrêmes, je le sais, sont
rares dans la nature : mais lorsqu'on
navigue sur une mer inconnue , ce
sont eux qui doivent nous guider
et nous servir de fanaux. Les tran-
sitions que la nature observe dans
tous ses ouvrages , se font alors
mieux appercevoir, et nous ramè-
nent à de justes limites.

» Un visage large suppose un cou raccourci, un large dos et de larges épaules : les personnes ainsi constituées sont intéressées, et destituées de sentiment moral. Un visage étroit et long s'associe à un long cou et à des épaules minces et affaissées, à une taille déliée. J'attendrais de ces sortes de gens plus de droiture et de désintéressement que des précédens, et en général plus de vertus sociales.

» Nos traits et nos caractères éprouvent de grands changemens, selon l'éducation qu'on nous donne, selon la situation où nous sommes placés et selon les évènemens de la vie. Ces modifications expliquent pourquoi tant de gens semblent nés pour l'état où ils se trouvent, lors même que c'est le hazard qui les y a placés malgré eux : elles expli-

quent l'air imposant , sévère ou
pédantesque du prince , du gen-
tilhomme , de l'inspecteur d'une
maison de force ; l'air abattu et
rampant du sujet , du valet , de
l'esclave ; l'air gêné et affecté d'une
coquette. Les impressions que des
circonstances réitérées font sur notre
caractère , l'emportent même sur
les impressions de la nature.

» Mais il est tout aussi vrai qu'on
distingue aisément un homme naturellement vil et bas , de celui qui
a été réduit en servitude par des
malheurs ; un nouveau parvenu que
la fortune a élevé au-dessus de ses
pareils , d'un homme à grands talens que la nature a mis au-dessus
du vulgaire.

» Un homme foncièrement vil et
bas se décélera dans l'état de l'es-
clavage par une bouche béante ,

par une lèvre d'en bas qui avance,
ou par un nez enfoncé ; on reconnaîtra dans tous ces traits un vuide
marqué. On lui retrouvera les mêmes
traits s'il occupe un rang éminent,
mais alors ils indiqueront une suffi-
sance arrogante. L'homme véritablement grand, annonce sa supériorité par un regard assuré et ouvert ;
la modération de son caractère se
peindra dans des lèvres bien jointes.
S'il est obligé de servir, on lira dans
ses yeux baissés le chagrin qu'il en
ressent ; sa bouche restera fermée
pour supprimer des plaintes impor-
tunes.

» Si ces différentes causes produisent des impressions permanen-
tes, les mouvemens extraordinaires
de l'ame impriment aussi à la physionomie des traces passagères. Celles-ci
sont à la vérité plus marquées que

ne le seraient les traits dans l'état
de repos, mais elles ne sont pas
moins déterminées par la nature primitive de ces traits, et en compa-
rant plusieurs visages agités par la
même passion, on appercevra sans
peine les différences du caractère
moral. Par exemple, la colère d'un
homme déraisonnable, ne sera que
ridicule, et celle d'un homme plein
de lui-même éclatera avec fureur.
Au contraire un cœur généreux,
s'il est poussé à bout ne cherchera
qu'à réprimer son adversaire et à
le faire rougir de ses torts ; un
cœur bienfaisant mêlera un sentiment d'affection à ses reproches, et
ramenera l'aggresseur au repentir.

» La tristesse d'un esprit grossier
sera plaintive et criarde ; celle de
l'homme vain, fastidieuse. Un cœur
tendre se répand en larmes et nous

communique sa douleur. Un homme
grave et sérieux la renferme en lui-
même ; si elle parait sur son visage ,
les muscles des joues seront reti-
rés vers les yeux , et le front sera
plus ou moins ridé.

» L'amour dans un cœur farou-
che est brusque et ardent : dans un
homme content de lui-même, cette
passion a quelque chose de dégou-
tant , et s'annonce par le cligne-
ment des yeux , par un sourire
forcé , par les contorsions de la
bouche et les plis qui se forment
dans les joues. Un homme trop sensible exprimera sa tendresse par
des airs langoureux ; ses yeux humides et sa bouche retrécie acheve-
ront de lui donner un air suppliant.
Enfin l'homme raisonnable mettra
une certaine gravité jusques dans ses
amours : il regardera fixément l'ob-

jet qui l'intéresse ; son front ouvert
et les traits de sa bouche nous per-
suaderont bientôt qu'il ne craint pas
de dire ce qu'il sent.

» En un mot les sensations d'un
esprit posé n'éclatent point par des
signes violens : celles d'un esprit
grossier se déclarent par des gri-
maces et ne sauraient convenir par
cette raison à l'école de l'artiste. Les
sensations d'un cœur bienveillant
nous intéressent et nous touchent,
quelquefois même elles inspirent le
respect : celles du méchant sont terribles, odieuses ou ridicules.

» Les mouvemens souvent répétés
laissent des impressions si profondes, que souvent elles ressemblent
à celles de la nature, et dans ce
cas on peut conclure hardiment,
que le cœur est enclin par lui-
même à les recevoir. Cette obser-

vation démontre combien il est utile
de familiariser un jeune homme
avec le spectacle de l'humanité souf-
frante et de l'approcher quelquefois du lit d'un mourant.

» Un commerce fréquent et des
liaisons intimes entre deux personnes les assimilent tellement, que
non-seulement leurs humeurs se
moulent l'une sur l'autre ; mais que
leur physionomie même et leur
son de voix contractent une certaine analogie. On voit une multitude d'exemples de ce genre.

» Chaque homme à son geste
favori. S'il y avait moyen de le
surprendre et de le dessiner dans
cette attitude , elle fournirait une
explication claire et distincte de
tout son caractère.

» Le son de la voix offre une
ample matière d'observations pour

le physionomiste. Pour voir à quel
point il est possible de donner différens sens aux mêmes mots , suivant le ton avec lequel on les
prononce, on n'a qu'a réfléchir sur
la variété infinie que présentent ces
deux monosillabes *oui* et *non*.

» Qu'on se serve de ces mots dans
un sens affirmatif ou décisif, comme
signes de joie ou d'inquiétude, en
plaisantant ou au sérieux, le ton
qu'on y mettra sera toujours différent, et parmi plusieurs personnes qui les employeront dans le
même sens, chacun aura encore sa
prononciation particulière, qui répond à son caractère. Le ton qu'il
prendra sera sincère ou défiant,
grave ou léger, affectueux ou indif-
férent, doux ou chagrin, promt ou
lent. Combien toutes ces nuances
ne sont-elles pas significatives, et avec

quelle vérité ne peignent-elles pas
la situation de l'ame ! »

HUART.

I.

« L'homme a infiniment plus de
cervelle que tous les animaux pri-
vés de raison ; en vuidant même
le crâne de deux bœufs de la plus
grande espèce, il n'y aurait pas
encore de quoi remplir celui d'un
homme de la plus petite taille. Le
plus ou le moins de cervelle, indique aussi le plus ou le moins de
raison.

II.

» Les fruits qui ont le plus d'é-
corce, ont aussi le moins de suc.
Plus une tête est grosse et chargée

d'os et de chair, moins elle contient de cervelle.

» Une masse d'os, de chair et
de graisse, est un poids importun
qui gêne les opérations de l'ame.

I I I.

» Ordinairement la tête d'un
homme judicieux, est délicatement
constituée et sensible aux moindres
impressions.

I V.

» *Galien* dit qu'un gros ventre
annonce un esprit grossier.

V.

» La mémoire et l'imagination
ressemblent autant au jugement,
que le singe ressemble à l'homme.

V I.

» La durté ou la mollesse des

chairs ne fait rien au génie, si la
substance de la cervelle n'y répond
pas ; car on sait que celle-ci est
souvent d'une complexion toute
différente des autres parties du
corps. Mais si la chair et la cervelle s'accordent l'une et l'autre en
mollesse, ce sera un mauvais signe
pour le jugement et pour l'imagination.

V I I.

» Les humeurs qui occasionnent
la mollesse des chairs, sont la pi-
tuite et le sang. D'une nature trop
aqueuse, elles engendrent selon
Galien, la bêtise et la stupidité. Au
contraire les humeurs qui durcis-
sent la chair, sont la bille et la
mélancolie ; et elles contiennent le
germe de la raison et de la sagesse.
La rudesse et la durté des chairs

sont donc des signes favorables :
leur mollesse au contraire, indique
une mémoire faible, un esprit borné et une imagination stérile.

VIII.

» Pour savoir si la constitution
de la cervelle répond à celle des
chairs, il faut examiner les cheveux
de la personne. Sont-ils noirs, gros
et rudes ? ils annoncent une raison
saine et une imagination heureuse.
Une chevelure douce et blanche
indique tout au plus une bonne
mémoire ».

WINKELMANN.

I.

« Dans les profils des Dieux et
des Déesses, le front et le nez dé-
crivent une ligne presque droite.

Les têtes des femmes célèbres que
les monnaies grecques nous ont con-
servées , se ressemblent toutes par
là ; et il n'est pourtant guère proba-
ble que dans ces sortes de représen-
tations on se soit permis de suivre
l'idéal. On pourrait donc supposer
que cette conformation était tout
aussi particulière aux Grecs , que
les nez camus le sont aux Calmou-
ques et les petits yeux aux Chinois. Les grands yeux que l'on retrouve dans les têtes grecques des
antiques et des médailles, semblent
appuyer cette conjecture.

I I.

» La ligne qui sépare dans la nature l'*assez* du *trop* , est presque
imperceptible.

I I I.

» La noble simplicité et le calme

d'une grande ame rappellent une mer dont le fond est toujours tranquille, quelque orageuse que soit la surface.

I V.

» Un beau visage plait toujours, mais il nous charmera encore d'avantage, si en même tems il a cet air sérieux qui annonce la réflexion. Cette opinion parait aussi avoir été celle des artistes anciens ; toutes les têtes de l'*Antinous* nous offrent ce caractère. Une beauté sérieuse ne cesse point de plaire et ne rassasie jamais : on croit toujours y appercevoir des charmes nouveaux.

V.

» Les joues d'un *Jupiter* et d'un *Neptune* sont moins pleines que celles des jeunes divinités : le front

aussi s'élève ordinairement plus en
voûte , c'est-à-dire au-dessus des
sourcils ; il en résulte une petite
inflexion dans la ligne du profil, et
le regard en devient d'autant plus
réfléchi et plus imposant.

V I.

» Ce qui est *gêné* sort de la nature : ce qui est *violent* est contraire à la décence.

V I I.

» Les formes droites et pleines
constituent le grand., et les contours coulans et légers, le délicat.

V I I I.

» La *grace* se forme et réside
dans le maintien et les attitudes :
elle se manifeste dans les actions et

les mouvemens du corps : répandue
sur tous les objets, elle se montre
même dans le jet de la draperie et
dans le goût de l'ajustement. La
grace ne fut révérée chez les anciens grecs que sous deux noms ;
l'une était appellée *céleste* et l'autre
terrestre. Celle-ci est complaisante
sans bassesse : elle se communique
avec douceur à ceux qui en sont
épris : elle n'est pas avide de plaire;
elle voudrait seulement ne pas res—
ter inconnue. L'autre parait se suffire à elle-même : elle veut être
recherchée et ne fait point d'avance.
Trop élevée pour se communiquer
beaucoup aux sens, elle ne veut
parler qu'à l'esprit. (Le suprême,
dit *Platon*, n'a point d'image).
Elle ne s'entretient qu'avec le sage ;
avec le peuple elle se montre altière
et repoussante. Toujours égale, elle

réprime les mouvemens de l'ame,
elle se renferme dans le calme dé-
licieux de cette nature divine, dont
les grands maîtres de l'art ont
taché de saisir le type. Elle souriait furtivement dans la *Sozandre*
de *Calamir :* elle se cachait avec
une pudeur naïve sur le front et
dans les yeux de cette jeune Ama-
zone, et se jouait avec une élégante
simplicité dans le jet de son vêtement ».

Pensées extraites d'une disser-
tation insérée dans un journal
Allemand.

I.

« On fait passer pour spirituels
les gens dont le nez voûté se termine en pointe, et l'on dit qu'un

nez camus suppose ordinairement
peu d'esprit.

I I.

» Les fronts perpendiculaires sont
communs aux gens opiniâtres et
aux fanatiques, et en général ceux-ci
ont le visage plat et perpendiculaire.

I I I.

» Faites dessiner une tête par un
commençant, et le visage aura toujours un air de stupidité, jamais
l'air méchant ou malin (observation
des plus importantes). D'où vient
ce phénomène, et ne pourrait-il pas
servir à nous faire connaître par
abstraction ce qui constitue une physionomie stupide ? je n'en doute pas
un instant. C'est que le commençant ne sait point marquer les rapports dans le visage qu'il dessine :

les traits sont jettés sur le papier
sans aucune liaison. Qu'est-ce donc
qu'un visage stupide ? Celui dont
les muscles sont conformés ou ran-
gés d'une manière défectueuse ; et
comme c'est d'eux que dépend nécessairement l'opération de la pensée et du sentiment, cette opération
doit être aussi beaucoup plus pares-
seuse et plus lente.

I V.

» La séparation et la position des
cheveux peut aussi fournir quelques
inductions. D'où provient la chevelure crépue du nègre ? c'est de
l'épaisseur de sa peau : par une
transpiration trop abondante il s'y
attache toujours un plus grand nombre de particules, qui la condensent
et la noircissent Par conséquent
les cheveux percent difficilement; et

à peine ont-ils commencé à poindre , qu'ils frisent déjà et qu'ils cessent de croître. Ils sont donc subordonnés à la forme du crâne et à la position des muscles. L'arrangement de ceux-ci décide de l'arrangement des cheveux , par lequel le physionomiste peut réciproquement juger de la position des muscles.

V.

» La graisse est l'origine des cheveux; c'est pourquoi les parties les plus grasses de notre corps sont aussi les plus garnies de poils , telles que la tête , les aisselles etc. *Withof* a remarqué qu'il se trouve à ces endroits une quantité de petits conduits de graisse : par-tout où ils manquent , il ne saurait y avoir de cheveux.

V I.

» Les habitans des climats froids ont le plus souvent des cheveux blonds , au lieu que dans les pays chauds , les cheveux noirs sont plus communs.

V I I.

» Les femmes ont les cheveux plus longs que les hommes.

V I I I.

» Les cheveux noirs sont plus rudes que les blonds et les cheveux des adultes sont aussi plus forts que ceux des jeunes – gens. Les anciens regardaient les cheveux rudes , comme le signe d'un naturel sauvage :

Hispida membra quidem et duræ per brachia setæ
Promittunt atrocem animum.

I X.

» Puisque tout dépend de la constitution des muscles , il faut y chercher l'expression de chaque façon
de penser.

X.

» Le muscle du front est le principal instrument du penseur abtrait.
C'est là que l'expression du front
se concentre.

X I.

» Chez les gens qui ne s'occupent point d'idées abstraites, mais
qui se livrent aux choses d'imagination ; par conséquent chez les
gens d'esprit et chez les grands
génies , tous les muscles doivent
être avantageusement conformés et
disposés — et voilà pourquoi l'on
cherche ordinairement l'expression

de leurs caractère, dans l'ensemble
de la physionomie ».

K AE M P H.

I.

« Chaque tempérament, chaque
caractère à son bon et son mauvais
côté. Tel homme a des capacités
qui ne se trouvent point dans un
autre, et les dons de la nature ont
été répartis différemment. La mon-
naie d'or a plus de valeur que celle
d'argent, et cependant celle-ci est
d'un plus grand usage pour les besoins de la société. La tulipe plait
par sa beauté ; l'œillet flatte l'odo-
rat ; l'absinthe est sans apparence,
elle répugne au goût et à l'odeur ;
mais elle a des vertus qui la rendent précieuse. — C'est ainsi que

chaque partie de notre être contribue à la perfection de l'ensemble.

I I.

» Lactivité de notre nature est
telle, à ce qu'on assure, qu'après
l'espace révolu de moins d'une
année, il ne reste presque plus de
particules de notre ancien corps ;
et néanmoins nous n'appercevons
en nous aucun changement, malgré
toutes les variationsque notre corps
éprouve par les différences des alimens et de l'air. Par conséquent le
changement d'air et de genre de vie,
ne peut nullement changer notre
tempérament ».

Le premier principe apporté du
sein de la mère reste toujours ; en
voici la raison. Ce qui a formé le
corps a été une matière à-peu-près
semblable par sa quantité à celle du

12

levain dont ont fait le pain. Ce levain est par-tout : on a beau employer d'autres matières pour le
mettre en œuvre ; ce qui résultera
de ce composé se ressentira toujours des premiers atômes. Comme
il y a dans la formation du corps
une mécanique qui échape à nos
connaissances , ce que je dis du
corps , par rapport à la première
matière qui le compose , est encore
plus vrai , que ce que je dis du
pain par rapport au levain qui en
est le principe. C'est de cette première matière , que tout le corps
de l'enfant est organisé , tout est
tracé et même formé en lui , avant
qu'il survienne une nouvelle addi-
tion qui lui donne l'accroissement.
Une autre raison encore , c'est que
cette première matière est plus spi-
ritueuse et plus substantielle tout

ensemble , que toutes celles qui
surviennent ensuite pour l'aider.
C'est une sorte d'élixir, qui donne
plutôt à ce qui arrive de nouveau, et
qui lui est ajouté , sa qualité particulière, qu'il n'en emprunte d'autres.
En un mot, on augmente cette
première matière, on ne la change
pas. On a beau dire , que par
les transpirations et les accrois-
semens , les corps se renouvellent
plusieurs fois dans la vie; et que
pour se renouveller il faut qu'ils
perdent ce qu'ils avaient reçu. Je
crois, comme je l'ai déja avoué,
que les corps changent en partie ,
qu'ils perdent à mesure qu'ils acquièrent, quelquefois plus, quelquefois moins ; mais ces changemens
ne peuvent affecter que la matière
qui est survenue depuis la formation et qui doit soulager le corps

en le délivrant par la transpiration
de tout ce qui était hétérogène, nui-
sible ou inutile : mais ce changement ne peut avoir lieu à l'égard
du premier élément qui nous forma.

» Dira-t-on que dans l'accroissement de l'épi, et sa maturité, il
ne reste plus rien du grain de blé,
qui en est le principe ? C'est la
sève de ce grain qui anime l'épi,
qui se répand par tout et qui en
fait toute la constitution. Il peut
arriver de la première matière des
corps, ce qui arrive quelquefois
du grain du blé : il est mal reçu
dans la terre où il est semé ; il s'y
trouve, ou altéré, ou étouffé, par
quelques mauvaises qualités qu'il rencontre : alors, ou il ne produit rien, ou
il ne produit que défectueusement.
C'est souvent le hazard qui rend la

production ce qu'elle est. Remar-
quons en passant, que nous apellons
hazard ce que nous ne connaissons
pas. Il n'arrive rien à cet égard ni aux
autres, qui n'aît ses causes et ses
principes invariables (*).

(*) La fidélité avec laquelle je m'étais proposé
d'extraire *Lavater*, m'a décidé à rapporter les
sentimens de plusieurs auteurs qu'il cite dans son
ouvrage. Leurs principes sont un peu vagues et
indéterminés ; mais j'aurai soin dans la seconde
partie de cet ouvrage d'en rapporter la substance
de la manière la plus claire et la plus méthodique.

Je n'ai parlé jusqu'ici que de la forme extérieure qui est particulière aux divers tempéramens ;
je vais m'occupper dans le chapitre suivant, des
différentes qualités qui les caractérisent.

CHAPITRE IV.

Qualités physiques et morales de chaque tempérament.

Tempérament colère.

Les gens d'un tempérament colère ou bilieux (voyez planche B. p. 95, figure 5) ont ordinairement les cheveux d'un noir très foncé et crépus ; les yeux grands et noirs ; les sourcils fort garnis ; une barbe noire forte et épaisse ; les bras nerveux, la peau brune ou olivâtre ; de gros os, une chair compacte. On trouve assez souvent en eux, non cette beauté florissante qui séduit au premier coup d'œil, mais ces traits mâles et décidés qui se conservent long-tems et plaisent par leur régularité plutôt que par une couleur agréable.

Ils ont peu de génie et peu d'esprit : mais s'ils n'ont pas le jugement aussi facile que les sanguins, ils ont en revanche plus de solidité et de réflexion. L'amour est chez eux une véritable passion, qui ne va guere sans une jalousie effrénée. Constans en amour, ils ne sont ni sensibles ni fidèles en amitié. Soit défiance, soit fausseté, ils s'attachent difficilement et font cependant beaucoup de démonstrations aux personnes dont ils attendent des services ; c'est-à-dire qu'ils n'aiment ou plutôt ne font semblant d'aimer que les personnes dont ils ont besoin. On leur reproche l'amour de la vengeance et même la trahison. Souvent le bilieux ne pense pas ce qu'il dit ; mais plus souvent encore, il ne dit pas ce qu'il pense. Les cœurs vifs sont bouillans et emportés , mais tout s'évapore au-dehors. Les bilieux au contraire sont froids et posés ; leur langage est amer et piquant ; leur style est mêlé de fiel et d'absynthe. Tandis que la raillerie , l'injure et l'insulte découlent de leurs lèvres , le venin se dépose et se cache au fond de leur cœur, pour n'agir qu'en tems et lieu.

Les bilieux sont ambitieux ; mais ils sont encore plus intéressés. S'ils travaillent , s'ils cultivent les sciences , c'est l'intérêt personnel beaucoup plus que l'honneur qui les anime et les fait agir. Presque tous sont vains et présomptueux ; yvres de leur propre mérite , ils veulent primer en tout , et il suffit de se

permettre de n'être pas de leur avis
pour s'exposer à leur ressentiment.
Ils ont souvent de la durté dans le
caractère ; sont presque toujours
entêtés et opiniâtres dans ce qu'ils
veulent ; d'où il arrive que ne sa-
chant pas plier , ils se rendent dé-
sagréables à la société pour laquelle
ils n'ont d'ailleurs aucun goût. La
plupart du tems ils portent la tristesse avec eux ; on les voit fuir le
monde et les compagnies , quand
des accès redoublés les tourmen-
tent , et ne rapporter toutefois de
leur solitude qu'un abattement plus
profond.

Il est enfin dans cette classe
d'hommes , des individus , dont l'accès est si scabreux , qu'il faut épier
leurs momens commodes ; dont l'a-
bord est si rebutant qu'il faut en
essuyer les bourasques ; qui ne vous

écoutent qu'avec inquiétude , et
ne peuvent vous répondre sans brus-
querie. Au reste ils sont pour la
plupart méfians et soupçonneux ,
mais foncièrement sages , réglés ,
prudens et rassis ; parlant peu , ré-
fléchissant beaucoup ; et quoique
propres à soutenir la débauche , ils
sont peu enclins à s'y livrer.

A quarante ou quarante-cinq ans
le plus grand nombre des bilieux
devient mélancolique. Quoique propres par la solidité de leur jugement , par la régularité de leurs
mœurs et les principes de sobriété
et d'économie qui les distinguent
à donner l'éducation la plus solide
et à procurer les établissemens les
plus avantageux à leurs enfans , ils
manquent presque toujours leur
but , et ne recueillent de leurs travaux et de leurs soins, que des peines

cuisantes et des chagrins amers. La
raison en est sensible; mais ils sont
seuls à ne l'appercevoir pas. C'est
qu'ils ignorent ou veulent ignorer,
que la rosée la plus bénigne pour
faire éclore et fructifier les qualités
du cœur, est l'indulgence et l'aménité, et que le moyen le plus
prompt comme le plus efficace d'aigrir les esprits et les cœurs, c'est
de les prendre à rebours.

Pour mieux vous convaincre de
ce que la bile a de repoussant et
de contraire à la conquête des cœurs,
voyez les dévots d'humeur mélancolique et bilieuse, suivez les surtout dans les momens où ils daignent
descendre de leur sainte et sublime
élévation, pour s'abaisser à quelque
acte de bonté; c'est d'une manière
si humiliante pour l'infortuné qui
en est l'objet, que le mépris qu'il

éprouve lui fait maudire le bienfaiteur et rabaisser de beaucoup le
prix du bienfait.

C'est avec de telles gens que la
reconnaissance devient pour l'ordinaire si pénible, qu'on serait tenté
de penser comme *J. J. Rousseau*,
que ce sentiment n'est point dans
la nature.

Ils plaignent les autres d'un ton
si cruel ; leur justice est si rigou-
reuse, leur charité est si dure, leur
zèle si amer et si épineux ; leur
pieux dédain ressemble si fort à la
haîne, que l'insensibilité même des
mondains est moins barbare que
leur pitié. L'amour de Dieu semble
leur tenir lieu d'excuse pour n'aimer personne ; on dirait qu'ils ne
tiennent au père commun des humains que pour se mettre plus à l'a-
bri de soulager leurs frères. Ils les

évitent, les fuyent, pour ne point
mêler le sacré avec le profane ; et
ce qui paraît le plus étonnant, c'est
que plus ils s'en détachent en apparence, plus ils en exigent en réalité (*).

Tempérament Sanguin.

Les sanguins ont la physionomie
vive, parlante et animée ; des yeux
intéressans et doux, pleins d'esprit
et de feu, et ordinairement bleus,
le teint beau, une couleur agréable,
la bouche vermeille , une figure

(*) Je n'ai pu m'empêcher de transcrire presque en entier cet article, et j'aurai même souvent
recours dans les trois suivans aux observations de
M. Clairier dans son *tableau naturel de l'homme*,
cet ouvrage contient un grand nombre de réflexions
qui sont de la plus grande vérité.

délicate et fleurie. L'image de leur
ame se peint sur leur physionomie ;
un sourire agréable orne leurs lèvres
et prévient en leur faveur. L'excel-
lence de leur caractère perce à travers leurs organes qu'embellit la
nature.

Leur chair sans être trop velue
n'est ni trop ferme , ni trop molle ;
mais belle , douce et blanche, surtout dans la jeunesse. Leur peau
porte presque toujours l'empreinte
de quelque signe, tels que des len-
tilles, fraises, pois ou autres verrues
que l'on voit sur leur visage ou sur
leur corps. Leur poulx est vif , mais
doux et uniforme ; leurs cheveux
sont le plus ordinairement blonds ;
mais aussi quelquefois chatains.

La nature semble ici négliger les
forces physiques, pour se tourner
toute entière du côté des qualités

de l'esprit, qu'elle prodigue avec
complaisance aux sanguins. Leurs
membres sont souples et agiles;
mais peu propre aux grands travaux.
Ils s'y portent cependant avec une
extrême activité, et par la même
raison, ils ne peuvent les soutenir
bien long-tems.

L'impétuosité de caractère dans
les sanguins, est seule le principe
de tout ce que leur ame opère de
grand et d'extraordinaire; elle seule
est le vrai trésor du génie et des
vertus, et ne va guère sans une
grande étendue de lumière. Ils ont
une imagination brillante et fertile
et une mémoire heureuse : mais
cette vivacité d'imagination précipite et égare quelquefois leur jugement; on les voit alors suivre
plutôt la passion que la vérité,
parce qu'avec moins de raison que

d'esprit, ils agissent plus par sentiment que par réflexion.

Ennemis de toute contrainte, ils
sont indépendans dans leur goûts ;
parce que le sang le mieux condi-
tionné tant à raison de sa quantité,
que de son mêlange et de son
mouvement, n'en est pas moins ex-
posé à des changemens continuels,
qui influent sur les opérations de
l'ame et sur celles de l'esprit.

C'est cette pétulance d'imagination qui les entraîne aux plaisirs
avec une impétuosité toujours nouvelle, à laquelle ils sacrifient leur
tems, leur repos, leur fortune, leur
santé et tout leur être. Cette imagination si riche en tableaux rians
et remplis de charmes, leur fait
rejetter obstinément les objets de
douleur et de peine ; ou du moins
elle ne les leur peint jamais si vive-

ment, qu'une affection contraire ne puisse les effacer. Les maux qu'ils craignent sont-ils arrivés ? ils les sentent vivement un instant ; mais le moment d'après en voit disparaître le souvenir ; d'où il arrive qu'aimant mieux jouir que souffrir, ils se refusent aux souvenirs tristes et déplaisans qui sont inutiles, pour ne livrer leur cœur tout entier qu'aux objets qui le flattent.

Les sanguins en général sont bons, braves et courageux, leur esprit est enjoué et communique aisément sa gaîté. leur cœur est sensible et vrai : touchés des plus petites attentions, flattés des moindres prévenances, ils mettent les plus faibles services au rang des bienfaits. A une physionomie ouverte qui respire la candeur et l'ingénuité, ils joignent pour l'ordinaire des ma-

13

nières aisées et la plus agréable
franchise. Autant on remarque en
eux de douceur et de confiance,
autant ils sont aisés a irriter. La
moindre injustice les révolte. On
leur reproche d'être quelquefois un
peu brusques, et la moindre émotion se peint sur leur visage : mais
s'ils s'emportent aisément, ils se
calment de même, car ils sont aussi
peu vindicatifs que peu amis de la
discorde et des querelles. On peut
même dire que le premier feu de
leur ressentiment, est au fond moins
un aveugle transport de colère,
qu'une éruption subite et passa-
gère de leur délicate sensibilité.
En un mot ils oublient si facilement
les offenses qu'ils n'ont presque pas
de mérite à pardonner.

Les sanguins aiment plutôt par
goût et par caprice que par un vé-

ritable attachement. La marche de
l'amitié est trop tranquille ou trop
uniforme pour les captiver, il leur
faut d'autres objets pour satisfaire
leur besoin d'aimer ; de là vient
la passion des uns pour les fleurs
ou pour les oiseaux ; des autres
pour les livres, pour les gravures,
pour les chevaux, la chasse, etc.
Si leurs goûts se tournent vers les
arts ou les sciences agréables, ils les
cultivent avec le plus grand succès.

L'honneur est pour eux un mobile mille fois plus puissant que
l'intérêt. Aussi ne craignez jamais
de leur part rien de bas ni de méchant. Un homme d'un tel caractère ne cherchera jamais à rehausser
son mérite en déprimant le vôtre ;
il sera tout-à-la-fois votre rival et
votre ami. Son courage s'éveillera à
l'admiration qu'on aura pour vous ;

mais ce sera sans exciter sa haine.
Il vous louera sincèrement et sans
autre chagrin que celui de ne pas
mériter de semblables éloges. Enfin
s'il s'éfforce de vous devancer dans
la carrière où vous courez, ne craignez point qu'il vous nuise ; il vous
tendra plutôt la main pour vous soutenir, que de s'avilir à vous préparer
des piéges pour vous faire tomber.

Par une suite de sa vivacité naturelle, le sanguin soigne trop peu
ses paroles, pour pouvoir les arran-
ger avec art. La pesante succession
d'un discours lui devient insupportable. Il lui semble que dans la rapidité des mouvemens qu'il éprouve,
ce qu'il sent doit être entendu sans
le froid ministère de la parole.
Ainsi vous trouverez en lui rarement un rhéteur ; mais en revanche il lui échappe souvent des

expressions fortes , énergiques et vigoureuses , qui sont comme des éclairs d'éloquence.

Lorsque des sentimens douloureux affligent son cœur, il cherche dans les promenades solitaires les consolations que les hommes lui refusent. Sa douleur perd alors sa sécheresse , et lui fournit à la fois des plaisirs et des larmes. Son cœur porté à la tendresse se plait aux airs tristes et languissans, mais tendres et doux ; les gémissemens de la tourterelle le passionnent et le transportent. Le doux murmure des ruisseaux , le paisible silence des forêts ont pour ces êtres sensibles des délices qu'ignorent les cœurs froids et glacés ; aussi ont-ils un goût vif et décidé pour la vie champêtre. Quoique naturellement peu enclins à la dévotion , le son d'une cloche fu-

nèbre , les chants d'église et l'aspect de toutes les cérémonies réli-
gieuses portent au fond de leur ame
des émotions vives et attendris-
santes.

Les sanguins dans leur carrière sont
les premiers à briller. Ils excellent ,
comme nous avons dit , dans les sciences agréables , et dans les arts. Mais on
doit observer que dans leurs progrès ,
le desir de la gloire a beaucoup plus
d'empire sur eux que les vues d'intérêt qui remuent les autres. L'honneur
est leur mobile , et quand tous les autres ressorts sont usés , il reste toujours celui-ci qui est le plus puissant
pour les faire mouvoir. Si vous leur
persuadez que le luxe , la mollesse
et les autres vices ne peuvent que
les éloigner de leur but , ce sera par
le charme de l'heureuse insinuation ,
qui prend infiniment plus sur eux, que

le froid langage d'une morale débitée d'un ton impérieux et dur. Si , dis-je , vous leur faites entendre que l'é-quité , la modestie , la tempérance et les autres vertus sont le chemin que l'honnête homme doit suivre , le vice n'aura plus rien qui les attire , et la vertu rien qui les rebute. Ils se dégouteront du vice par l'infamie qu'ils y verront attachée et s'enflâ-meront pour la vertu , par l'hon-neur dont ils espéreront se couvrir en marchant à sa suite.

C'est sans doute une bonne cons-titution que celle des sanguins : mais la nature si prodigue envers eux , cette mère soigneuse qui se plaît à les embellir , veut qu'on respecte son ouvrage et sait venger l'abus qu'on fait de ses dons. Sans parler des causes morbifiques qui enlèvent dans leur printems ceux d'entre ces

enfans de prédilection qui avalent
à longs traits le poison de la volupté ;
il ne faut pour abréger leurs jours
que la vivacité naturelle et l'irrita-
ble sensibilité qui leur sont propres.
Trop d'ennemis les excitent au dedans, trop de piéges les environnent
au dehors, pour qu'une vigilance
continuelle sur eux-mêmes ne doive
pas régler tous leurs desirs et assurer tous leurs pas. Mais hélas ! tels
sont ces hommes d'ailleurs si dignes
d'envie, qu'aveuglément dociles à
leurs sens, ils écoutent rarement
d'autres conseils que ceux de leur
propre expérience. En sorte qu'on
peut dire que quand ils sont sages
c'est à leurs dépens. Leur esprit
pénétrant apperçoit le bien ; la droiture de leur cœur l'approuve ; mais
l'empire qu'ils laissent prendre à
leurs penchans, les aveugle, les en-

traîne vers le mal, et finit par les précipiter souvent dans l'abîme.

Tempérament Mélancolique.

Les mélancoliques sont ordinairement grands, un peu voûtés, la plupart ont les yeux bruns, langoureux dans la jeunesse, mais sombres et abattus dans un âge plus avancé, les lèvres pressées l'une contre l'autre, la bouche renfoncée et le menton avancé (voyez planche B. p. 95. figure 3) la couleur de leur teint approche plus du jaune que du brun. Leur peau est sèche, polie et lisse, leurs cheveux, sont longs et plats. On voit peu de personnes de ce tempérament fournir une carrière bien longue ; parce qu'aux humeurs noires dont ils abondent, ils ajoutent presque toujours un fond de pensées tristes, de réflexions déchirantes qui les conduisent à la consomption. Ils sont ordinairement grands mangeurs et même sujets à la boulimie (*).

Leur esprit rempli de nuages et d'idées monstrueuses s'éffarouche, se défie et sombrage de tout. Le moindre petit revers, la moindre sensation douleureuse, les jettent dans l'abattement et le désespoir. Ils sont en général taciturnes, sombres, pensifs et rêveurs, parlant seuls, difficiles et inquiets. Ils sont craintifs, soupçonneux, méfians, timides et néanmoins ardens, dédaigneux et inflexibles.

(*) Boulimie : terme de médecine ; il vient de deux mots grecs qui signifient bœuf et faim ; comme si on voulait dire qu'un homme attaqué de cette maladie, serait capable de manger un bœuf.

Comme les impressions agissent difficilement sur eux, leur attention se continue aussi plus long-tems sur un objet particulier. Ils s'appesantisent sur un sujet qui les applique et tiennent fortement à ce qui a pu les affecter.

La mélancolie n'est pas toujours ennemie de la volupté ; elle se prête aux illusions de l'amour, et si elle se plait à savourer les plaisirs délicats de l'ame, elle ne rejette pas pour cela les plaisirs des sens.

Envieux de la réputation et des succès d'autrui, le mélancolique se croit flétri, deshonoré par toute gloire qui ne lui revient pas. Il regarde comme une offense le mérite qui l'offusque, et cherche à l'obscurcir par la malignité des réflexions et des censures. La noble générosité l'accompagne rarement, lorsqu'il s'agit de réussir dans ses projets d'avarice ou d'ambition. Il emprunte s'il le faut l'apparence de la piété. Elle est pour lui une vertu d'apparat et non de caractère. L'espérance la fait naître, l'égoïsme la produit, l'intérêt la soutient.

Ces gens froids, dans l'ame de qui l'hypocrisie semble avoir choisi son sanctuaire, n'agissent jamais infructueusement. Donnant par intérêt, ils reçoivent sans reconnaissance. Censeurs nés de tout ce qu'ils voyent, et de tout ce qu'ils entendent, leur langage prend le ton des jérémiades. Vous ne les entendez parler que de choses lamentables, et leurs doléances leur paraissent si justes, qu'on leur devient suspect, si on ne se contrefait pas, pour pleurer ave eux.

Les mélancoliques sont presque

tous amans jaloux, amis ennuyeux,
voisins incommodes, pères durs et
austères, maris désolés et désespé-
rans. Leurs mœurs honnêtes font
qu'on les ménage et qu'on les respecte ; mais le penchant malin qu'ils ont
à habiller des couleurs du crime les
moindres amusemens des autres,
fait qu'on évite avec soin de se trouver avec eux ; c'est ainsi qu'avec un
goût constant et décidé pour la rêverie ; avec leur humeur sauvage, des
manières peu aimables, ces hommes
féroces ne savent se faire aimer. Etran-
gers aux plaisirs de la société ; ne te-
nant à personne, ne regardant tous les
objets qu'avec une indifférence mo-
queuse, une insensibilité opiniâtre
et raisonnée ; dédaignant tous les
nœuds destinés à rendre les hommes heureux ; ne goûtant jamais
le plaisir de s'épancher dans le sein

de l'amitié, ils traînent une pénible existence et quittent la vie sans être regrettés.

Le tempérament mélancolique a produit de grands hommes et des héros; mais il a produit aussi des ambitieux et des scélérats. Les personnes de ce tempérament sont bien plus dangereuses lorsqu'elles mènent une vie sédentaire et retirée. Les monastères ont vomi souvent des fanatiques et des montres de ce genre. Le jacobin *Jacques Clément*, assassin d'*Henry III*, était d'un tempérament mélancolique. Les entreprises les plus fortes, les complots les plus noirs, les trahisons les plus insignes, les desseins les plus téméraires, les forfaits les plus inouis, rien n'effraye un mélancolique fanatisé, rien ne le rebute. Il se précipite au devant du

danger avec une aveugle impétuosité. Plus il refléchit plus il s'é-
gare ; et que pourrait la lumière de
sa faible raison , contre les torches
brulantes de la haine et du fanatisme; puisque l'infamie et la mort même
sont à ses yeux la palme du martire ?

Tempérament Flegmatique.

Les flegmatiques ont en général la taille avantageuse et grandis-
sent de bonne heure. Ils ont les yeux
bleus et grands , mais éteints , le regard humble et languissant. Leur
tête est ronde et pleine , leur nez
court, leur peau très blanche , polie
et belle. (Voyez planche B. p. 95.
fig. 4.) Leurs cheveux blonds se
bouclent naturellement dans la jeunesse , et deviennent chatains en

vieillissant. Leur visage est sans couleur et quelquefois bouffi. L'abondante sérosité de leur sang en rend
non-seulement la circulation tardive
et languissante, mais elle fait encore que toutes leurs fonctions, tant
celles de l'ame, que celles du corps,
s'exécutent avec lenteur et une espèce d'engourdissement. Ils ont peu
d'appétit, digèrent mal et lente-
ment. Aussi supportent ils la faim
plus facilement et plus long-tems
que les autres tempéramens.

Leur enfance ne peut mieux être
représentée que par ces anges ou ces
grouppes d'amours qui ornent nos
tableaux et nos gravures. C'est l'i-
mage fidèle de leur tête blonde et
frisée, de leur estomac charnu, de
leurs mains potelées et de leurs
cuisses grosses et courtes.

Quoique les flegmatiques ayent

quelques traits de ressemblance avec
les sanguins ; il serait difficile cependant de les confondre quant aux
qualités morales ; car la nature en
formant les flegmatiques, a semblé
négliger tout le reste pour ne s'attacher qu'à arrondir la masse de
leur physique. C'est à eux qu'on
peut appliquer ces vers de *Rousseau.*

> Larges de croupe, épais de fourniture,
> Flanqués de chair, gabionnés de lard,
> Tels en un mot que la nature et l'art ;
> En maçonnant les remparts de leur ame,
> Songèrent plus au fourreau qu'à la lame.

Les personnes de ce tempérament ont l'imagination froide, la
mémoire ingrate et stérile. Les fonctions de leur esprit sont faibles et
languissantes ; mais leur cœur est
bon et sensible à l'amitié. Vous
ne trouverez point en eux ces fa-

cheuses alternatives d'amitié de froideur, d'épanchemens et d'indifférence, de confidences et de mistères,
qui dans d'autre caractères opposent
l'homme du matin à celui du soir.

L'orgueil, l'ambition, l'avarice,
la haine sont des vices que les flegmatiques ignorent. Leur esprit pa-
cifique ne souffre pas même l'idée
de la vengeance. Mais si leur cœur
est exempt de fiel et d'amertune, on
les accuse d'être quelquefois curieux
et peu discrets. Ils n'ont ni hauteur
ni dédain : mais ils sont susceptibles
et rampans. Loin de chercher à se
produire, leur timidité naturelle
les porte à se tenir cachés. Dans
le commerce ordinaire de la vie, on
les reconnaît à cette douce aménité
qui vient d'un esprit paisible et d'un
cœur calme, à ces mœurs faciles
exemtes de sévérité. Toujours maî-

tres d'eux-mêmes, on les voit jouir d'une sérénité qui, pour n'être souvent que l'effet de la nature plutôt que le fruit de la raison, n'en contribue pas moins aux douceurs de la vie et de la société. Les flegmatiques ne sont pas les chefs de famille les plus actifs et les plus intrigans; mais ce sont les pères les plus tendres. S'ils ne sont pas toujours des maris heureux, c'est qu'il est des femmes altières qui n'aiment pas assez les douceurs de la paix.

Tel fut le tempérament de *Louis le jeune*, père de Philippe Auguste. Ce fut un prince d'une bonté sans égale, mais d'un génie médiocre; assez hardi dans le projet, mais peu constant dans l'exécution; timide dans le danger jusqu'à l'éviter aux dépens de sa gloire, trop simple enfin dans ses manières et dans sa conduite. Louable d'ailleurs par la droiture de son esprit, la candeur de ses mœurs, et la plus scrupuleuse équité ; peu versé dans les belles lettres, mais généreux, bienfaisant, ami de la justice, protecteur des lois et le père de son peuple. Il fut, s'il faut en croire les historiens, un roi faible, un mari ombrageux, un voisin inquiet, enfin un homme trop simple et trop crédule.

Tel fut à-peu-près *Thomas Morus*, ce fameux chancelier d'Angleterre. L'historien de sa vie nous le peint comme un homme de moyenne taille, mais bien fait ; ayant le visage pâle les cheveux chatain-clair, les yeux gris, l'air riant, les chairs grasses et spongieuses, la voix pleine et distincte. Doué de la plus exacte probité, d'une piété tendre, mais éclairée, l'ambition ni

aucune des passions qui trouvent
leur aliment à la cour des rois,
n'eurent aucune prise sur son cœur.
Il sut par sa modération se mettre
au-dessus des atteintes de la fortune, dont-il méprisa également les
faveurs et les injures. Content d'une
frugale existence, rien ne put le
séduire, comme rien ne put troubler la tranquillité de son ame. Il
vécut à la cour sans faste et sans
orgueil, et sut mourir sur l'échaf-
faud, sans crainte et sans faiblesse.

Comme le tempérament est sans
contredit la première source de nos
inclinations et de notre caractère,
il est aisé de sentir combien il est
important pour un père, de connaître celui de son enfant ; car si
les inclinations naturelles ont une
si grande force par elles - mêmes,
elles deviennent encore plus impé-

rieuses et plus décisives, lorsqu'elles
sont fortifiées par l'éducation, c'est-
à-dire, par les habitudes de l'enfance. C'est donc au père attentif à
étudier son fils dans ses moindres actions, à se reconnaître lui-même dans
ses fautes, et à diriger son enfant,
d'après le souvenir qu'il conserve encore de sa propre expérience. Je dirai en passant qu'il est peu d'hommes
en qui des traitemens trop sévères
ayent jamais formé un caractère aimable ou un esprit éclairé. La crainte
arrête l'expansion de l'ame, rend
un enfant dissimulé, retrécit l'imagination et étouffe les premières
étincelles du génie. Je dirai plus :
comme nos premières habitudes dé-
cident en grande partie la plus ou
moins grande fermentation de ce
germe qui nous forma, de ce levain qui est la première source

de notre constitution, il est constant
que l'éducation influe beaucoup sur
le développement de nos organes
et par conséquent sur notre tempérament. Pères tendres, mères sensibles ! suivez la première loi de la
nature, cette douce impulsion qui
vous porte à faire autant qu'il est
en vous, le bonheur de l'être qui
vous doit le jour ! Soyez indulgens,
soyez bons ! Adoucissez le poids de
la vie à celui qui, pour être heureux n'a besoin que de courir après
un papillon, ou de tresser les cheveux d'une poupée. Encore un moment et les soucis de la vie dissipe-
ront cette douce illusion, ce charme
heureux qui, une fois détruit, ne
renaîtra jamais. Pliez ce roseau fra-
gile que la nature a placé dans vos
mains, et ne le brisez point sous le
joug du despotisme. Choisissez avec

la plus scrupuleuse attention , le
genre d'occupation qui convient au
caractère de votre fils. Que le plaisir
anime ses occupations , et n'oubliez
jamais que l'éducation de ce précieux Émile est manquée, si vous ne
réussissez à lui faire trouver le bonheur , dans la pratique de ses de-
voirs.

Je me suis contenté d'exposer les
qualités physiques et morales des
quatre tempéramens. Il est cependant une multitude de nuances ,
qui font naître autant de distinctions aux principes généraux que je
viens d'établir. Je laisse à l'observateur , le soin d'assigner à chaque
individu la classe qui lui convient; il
le pourra facilement en observant
soit les traits du visage, auxquels
nous nous arréterons particulièrement , soit les attitudes qui carac-

térisent infiniment les penchans
naturels , et la trempe d'esprit de
chaque personne. Je ne prétens
point m'arrèter à faire un traité
complet sur les tempéramens , ils
ne sont qu'une partie de la Physiologie ; d'ailleurs je me trouverai
heureux et mon but sera rempli ,
si mon ouvrage donne lieu à quelques réflexions utiles à l'éducation
et au bien de l'humanité.

III. DIVISION.

Du physique de l'homme et de ses habitudes.

CHAPITRE PREMIER.

De l'attitude et du geste.

Dans toutes les organisations, la nature opère du dedans au dehors ; chaque circonférence y aboutit à un centre commun. La même force vitale qui fait battre le cœur, meut aussi le bout des doits. Une même force a voûté le crâne et l'orteil. L'art ne fait qu'apparier , et en cela il diffère de la nature. Celle-ci

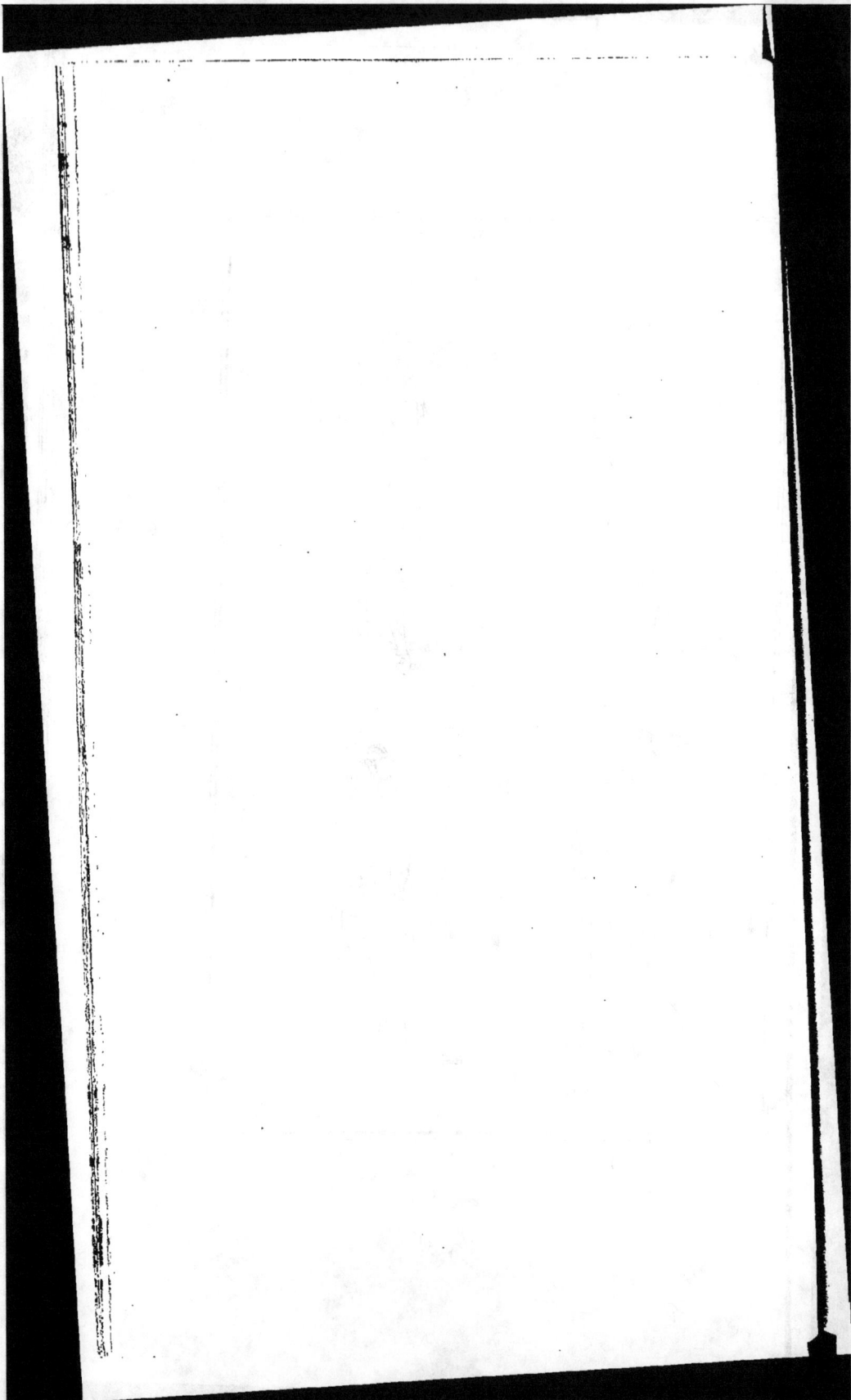

forme le tout d'une seule pièce et
d'un même jet. Le dos se lie à la
tête, l'épaule produit le bras ; du
bras nait la main ; et la main à son
tour est l'origine des doits. Par-tout,
la souche produit la tige, celle-ci
pousse les branches, les branches
portent les fleurs et les fruits. Une
partie tient à l'autre comme à sa
racine. Elles sont toutes de la même
nature, toutes *homogènes*. Tout ce
qui tient à l'homme dérive de la
même source : la forme, la stature,
la couleur, les cheveux, la peau,
les veines, les nerfs, les os, la
voix, la démarche, les manières,
le style, les passions, l'amour et
la haine. Il est toujours un, toujours le même.

Le corps humain peut donc être
considéré comme une plante, dont
chaque partie conserve le caractère

de la tige. On doit juger d'après
cela combien une certaine manière
d'être du corps, contractée par une
longue habitude, doit présenter à
l'observateur de réflexions; car enfin
cette habitude n'est-elle pas causée
par la disposition intérieure qui fait
mouvoir le corps, comme une machine, et le façonne peu-à-peu de
manière à le rendre plus apte à
telle ou telle action, telle ou telle
sensation ? Personne ne balance un
seul instant à juger de la vivacité
d'une personne ou de sa noncha-
lence, sur son attitude et sur le
moindre de ses gestes. Or comme
l'attitude d'un individu est ce qui
frappe d'avantage à la première vue,
c'est à cet ensemble harmonique et
parlant que nous appliquerons d'a-
bord les principes physionomiques.

Albert Durer est sans contredit

de tous les auteurs, celui qui nous
a donné la meilleure théorie des
proportions, et celui de tous les peintres, qui les a le mieux observées
dans ses dessins. A l'égard des attitudes et des postures, personne ne
l'emporte sur *Chodowiecki*, tant
pour la richesse de l'imagination,
que pour la vérité et la variété de
l'expression. En méditant les ouvrages de ces deux artistes, on regardera sans peine comme autant d'axio-
mes les propositions suivantes.

1. La proportion du corps et le
rapport qui se trouve entre ses parties, déterminent, le caractère moral et intellectuel de chaque individu.

2. Il y a une harmonie complette
entre la stature d'un homme et son
caractère. Pour mieux s'en convaincre, il est bon d'étudier les extrêmes, les géans et les nains, les

corps trop charnus ou trop maigres.

3. La même convenance subsiste
entre la forme du visage et celle du
corps ; l'une et l'autre de ces formes
est en accord avec les traits de la
physionomie , et tous ces résultats
dérivent d'une seule et même cause.

4. Un corps orné de toutes les
beautés de proportion possibles ,
serait un phénomène tout aussi
extraordinaire qu'un homme souverainement sage ou souverainement
vertueux.

5. La vertu et la sagesse peuvent
résider dans toutes les statures qui
ne s'écartent point du cours ordinaire de la nature.

6. Mais plus la stature et la forme
seront parfaites , et plus la sagesse
et la vertu y exerceront un empire
supérieur , dominant et positif ; au
contraire , plus le corps s'éloigne

de la perfection , et plus les facultés intellectuelles et morales y seront inférieures , subordonnées et
négatives.

7. Parmi les statures et les proportions , comme parmi les physionomies , les unes nous attirent
universellement, et les autres nous
repoussent ou du moins nous déplaisent.

On peut dire la même chose des
attitudes et du geste. L'homme se
ressemble en toutes choses. Il est si
l'on veut, l'être le plus contradic-
toire qui soit au monde , mais il
n'en est pas moins toujours lui ,
toujours lui - même. Ses contradictions même ont une espèce d'homogénéité. Notre image se reproduit,
se conserve, se multiplie dans tout
ce qui tient à nous et dans tout ce
que nous faisons. Rien de plus si-

gnificatif surtout, que les gestes qui
accompagnent l'attitude et la démarche. Naturel ou affecté, rapide
ou lent, passionné ou froid, grave
ou badin, aisé ou forcé, dégagé ou
roide, noble ou bas, fier ou humble, hardi ou timide, décent ou ridicule, agréable, gracieux, imposant,
menaçant, le geste est différencié
de milles manières.

Notre démarche et notre maintien
ne sont à la vérité naturels qu'en
partie, et la plupart du tems, nous
y mêlons quelque chose d'emprunté
ou d'imité. Mais ces imitations
même et les habitudes qu'elles nous
font contracter, sont encore des
résultats de la nature, et rentrent
dans le caractère primitif. Par exemple, je n'attendrai jamais une humeur douce et tranquille d'un homme
qui s'agite sans cesse avec violence,

et je ne craindrai ni emportement
ni excès, de quelqu'un dont le maintien est sage et posé. Je doute aussi
qu'avec une démarche allerte on
puisse être lent et paresseux ; et
celui qui se traîne nonchalament,
à pas comptés n'annonce guère un
esprit vif et entreprenant.

Le rapport intime qui existe entre nos sentimens intérieurs et nos
attitudes, est de la plus grande vérité. Je vais citer à ce sujet l'anéc-
docte suivante tirée des recherches
philosophiques sur le sublime et le
beau par *Burke*.

« *Campanella* avait non-seulement fait des observations très cu-
rieuses sur les traits du visage,
mais il possédait encore au suprême
dégré l'art d'en contrefaire les plus
frappans. Voulait-il approfondir le
caractère de ceux avec qui il était

15

en relation ? il en imitait la physionomie , les gestes et toute l'attitude ; puis il étudiait soigneusement la disposition d'esprit dans
laquelle cette imitation l'avait placé.
De cette manière il était en état de
pénétrer les sentimens et les pensées d'un autre , aussi parfaitement,
que s'il avait pris la place et la forme
de cette personne. Ce qui est certain , (continue l'auteur) et ce que
j'ai souvent éprouvé moi – même ,
c'est qu'en imitant les traits et les
gestes d'un homme colère ou doux,
hardi ou timide , je sens en moi un
penchant involontaire à la passion
dont je tâche d'emprunter les signes
extérieurs. Bien plus , je suis con-
vaincu que la chose est presque iné-
vitable , quand même on s'éfforcerait
d'abstraire la passion , des gestes qui
lui sont propres. *Campanella* était

tellement le maître de détacher son
attention des maux physiques les
plus violens, qu'il aurait souffert
même la question sans éprouver de
grandes douleurs. D'un autre côté,
si par des raisons particulières, le
corps n'est pas disposé à imiter tel
geste, ou à recevoir telle impulsion
qui est le résultat ordinaire d'une
certaine passion, il n'est pas susceptible non plus de cette même passion,
quand même elle serait excitée par les
causes les plus décisives. C'est ainsi
que l'opium ou une liqueur forte
suspend pour quelque tems, et en
dépit de tous les obstacles, l'effet
de la tristesse, de la crainte ou de
la colère; et cela uniquement parce
que le corps est mis dans une disposition contraire à celle qui est
produite par ces passions ».

L'effet des liqueurs fortes est si

puissant sur les nerfs qu'il suffit de
boire certaines préparations pour être
presque insensible aux plus grandes
douleurs ; c'est pour cette raison
que les juifs avaient coutume de présenter aux criminels qui étaient sur
la croix une éponge trempée dans
du vinaigre avec du fiel , de l'absinthe et de la suie , ou d'autres
mélanges violens. Ce breuvage adou-
cissait pour quelques instans les
tourmens du criminel.

Attitudes de la planche C.

Le N°. 1, annonce la méditation d'un homme du monde qui dirige toutes ses ruses et tout son esprit de calcul, vers un point unique.

2. Est un homme incapable de beaucoup de réflexion, qui porte une attention momentanée vers un objet qui ne le touche que médiocrement.

3. Affectation théâtrale d'un homme vuide de sens, qui veut se donner des airs.

4. Ironie du trompeur aux dépens de sa dupe.

Attitudes de la planche D.

Nº. 5. Délibération d'un homme qui n'est pas fait pour réfléchir. Un tel homme a beau faire : en vain s'efforcera-t-il de fixer son attention, rien ne sera capable d'animer ses esprits engourdis, et plus il tachera de leur donner le mouvement nécessaire pour faire jouer les ressorts du cerveau, d'ou n'aissent la pensée et la réflexion, plus il sentira son ineptie et son incapacité.

6. Une telle manière d'écouter ne peut annoncer qu'un caractère méprisant, joint à beaucoup de prétention.

7. Confusion d'un misérable sans cœur et sans honneur.

8. Indifférence flegmatique d'un

caractère qui ne s'est jamais livré
profondément à une méditation abs-
traite.

On peut remarquer dans ces figures, combien la manière de porter
le chapeau est signifiante, et combien
elle ajoute d'expression au caractère
de chaque individu. Rien ne doit
échapper au physionomiste ; aussi
parlerons nous bientôt de l'habille—
ment et de la mode.

Attitudes de la planche E.

N. 9 et 10. Prétention ridicule
d'un important , qui exerce son
empire sur un caractère humble et
timide. N'en doutez pas, toute prétention suppose un fond de sotise
et de nullité : attendez-vous à rencontrer l'un et l'autre dans toute physionomie disproportionnée et grossière, qui affecte un air d'autorité.
La nature n'a formé qu'à demi certaines têtes d'idiots. La moitié du
visage a été faite aux dépens de
l'autre moitié, et il ne s'agit que
de voir laquelle des deux l'emporte.
Est-ce le bas qui augmente et gros-
sit ? La masse des facultés intellectuelles diminue à mesure, tout se
conve tit en chair, et l'homme de-

9

10

11

12

vient insupportable. Cependant l'esprit conserve encore une sorte de réminiscence de sa première énergie, et ce souvenir lui inspire de la présomption, sans le rendre ni plus éclairé, ni meilleur. Un personnage de cette espèce prend un ton d'empire et de supériorité, à l'égard d'un être faible et délicatement organisé. Il ne pense qu'à l'humilier. Il est insensible à ses peines. Plus celui-ci devient petit, et plus l'autre se gonfle.

11. Rudesse d'un homme de la lie du peuple au moment où il va donner l'essor à sa fureur grossière.

12. Grimace d'un homme fat et impertinent.

Attitudes de la planche F.

N°. 13. Uu homme insipide n'es-
timant rien, et n'étant estimé de
personne, qui passe sa vie dans
une éternelle enfance, présente un
bouquet à un homme dont-il attend
quelque service.

14. Air de supériorité.

15 et 16. Deux femmes qui annoncent toute la faiblesse de leur
sexe. La jeune est nonchalament
assise, la vieille à l'air d'être aux
écoutes, ou de s'être égarée dans
quelque rêverie. Ces deux personnes semblent relever de maladie et
réfléchir sur leur état, la jeune avec
satisfaction ; la vieille, comme si
elle calculait le compte de son mé-

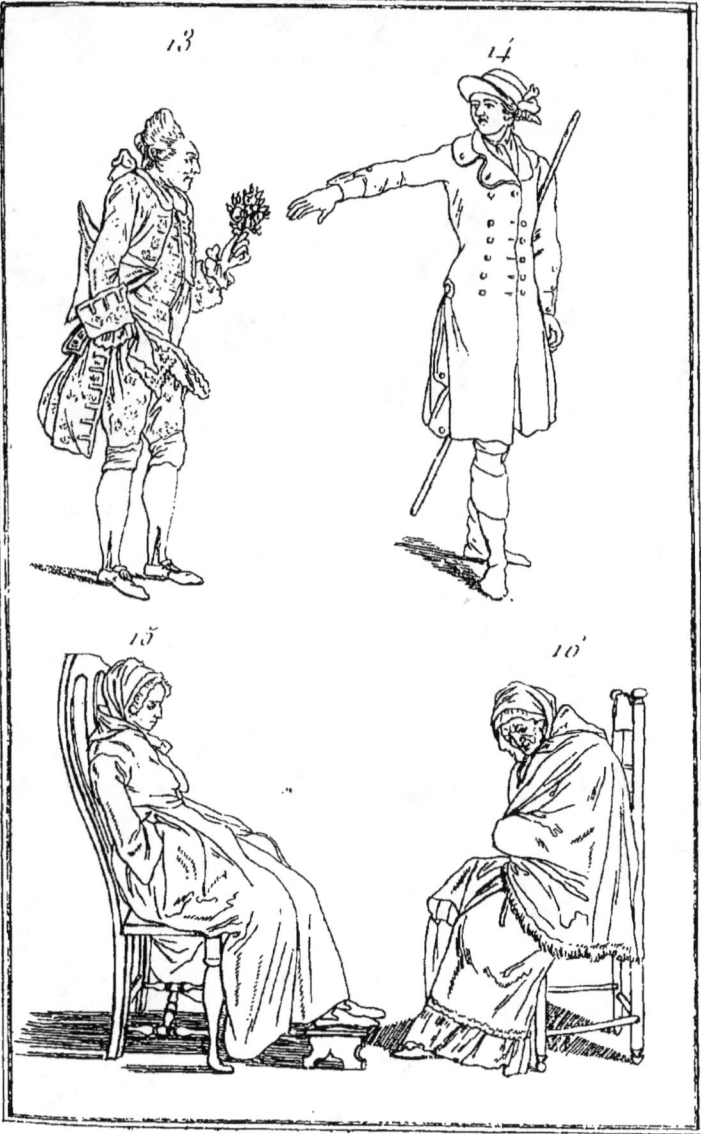

13

14

15

16

decin. La vieille a l'air d'une excellente mère de famille, d'une
bonne ménagère, et la jeune semble bonne par instinct, incapable
de faire du mal à qui que ce soit :
elle est d'une organisation infiniment
délicate, et ses facultés se bornent
aux choses ordinaires de la vie.

Attitudes de la planche G.

N°. 17. Un avare. On voit l'air soucieux, inquiet qui règne sur son visage ; ses yeux ouverts, pour observer celui qui en veut à sa bourse ; ses mains tournées vers ses goussets et sans cesse disposées à ramasser de l'or.

18. Volupté brutale. Cette passion est assez désignée par la ressemblance de l'individu, avec la forme d'un satyre.

19. La nullité et la curiosité hébétée caractérisent cette figure. Cet homme ne tient à rien, et par un effet de sa stupidité naturelle ne peut s'attacher à rien. Le corps se ressent de la condition de l'ame et l'exprime. De là cette bouche béante

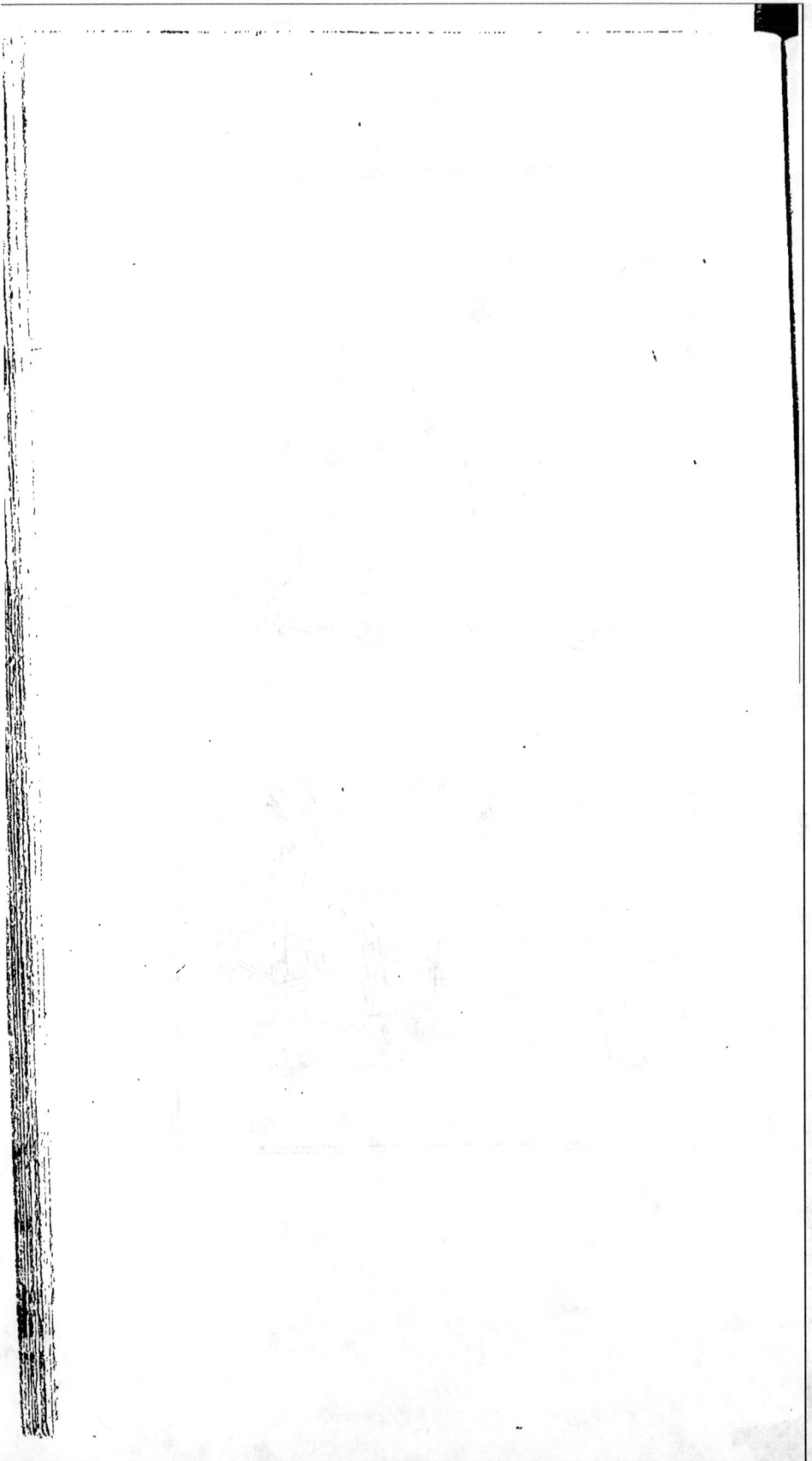

et fanée , cette attitude insipide ,
ces bras pendans , et cette main gau-
che tournée en dehors , sans qu'on
en devine le motif.

20. Figure d'yvrogne. De tous les
phénomènes que la nature nous offre , l'effet que le vin ou les liqueurs
spiritueuses produisent sur nos sens
et sur nos esprits est un des plus
étonnans et des plus dignes d'observation pour le physionomiste.
Le vin commence d'abord par nous
animer , et par exciter en nous
une aimable gaîté. En répandant sa
chaleur dans nos veines , il établit
une circulation plus vive et donne
à toute la machine un jeu plus facile
et plus animé. Le sentiment agréable que nous éprouvons alors , nous
porte à la bienveillance et aux épanchemens de l'amitié. L'homme heureux aime à faire partager son

bonheur ; on n'est méchant qu'autant qu'on est malheureux ; et si l'a-
varice et la cruauté n'étaient un
supplice continuel , il n'y aurait
plus d'avares , ni d'hommes cruels.
Aussi ces sortes de gens n'aiment-
ils pas à se livrer aux douces émotions que produit la liqueur bachique ;
et en général les gens bilieux , égois-
tes , faux et méchans , sont extrêmement sobres.

Le second dégré de l'yvresse , est
cette espèce de délire , qui sans nous
ôter entièrement l'usage de la raison , met cependant une certaine
confusion dans nos idées , de sorte
que , malgré le efforts que nous
fesons pour rétablir l'ordre et l'harmonie dans nos esprits , ils sont
dans une telle effervescence qu'il
nous est impossible d'en arrêter le
dérèglement.

Ce mouvement extraordinaire qui se passe en nous , finit par affaiblir nos organes au point que nous tombons dans une espèce d'inertie qui nous abrutit et nous ôte presque entièrement toutes nos facultés. Voilà le troisième effet que le vin opère sur l'homme qui en abuse.

C'est alors que la raison abandonne celui qui l'a outragée par un excès honteux. L'homme à qui il ne reste pas même l'instinct des animaux perd l'usage de toutes ses facultés. Son corps avili , se traîne sur la terre et tout jusqu'au son de sa voix semble le rapprocher de l'animal immonde qu'il imite si bien par son intempérance.

L'amour a aussi son yvresse , qui ressemble quelquefois à celle de Bacchus : les yeux languissans , la bouche entr'ouverte et un certain abandon , annoncent la présence du desir et celle de la volupté. Méfiez vous de celui qui dans de pareils momens n'a point le regard doux et expressif. Si un air faux et caffard, fait grimacer ses yeux et surtout sa bouche , si un certain air sinistre se peint sur son visage , dans un moment ou il sait si peu dissimuler , femme n'écoute plus ses promesses , où tu seras la victime de ta crédulité. Observe le , surtout dans l'instant qui suit l'éclair de la jouissance ; si la froideur succède à ses tendres empressemens, croi - moi, ce n'est pas toi qu'on aime........ Mais , que dis - je! si tu peux observer dans de pareils momens ; si tu gardes assez de sang froid pour examiner celui à qui tu prodigues tes faveurs, tu n'as rien à craindre : ta dissimulation égale la sienne, ou ta froideur la justifie.

Jeunes cœurs crédules et sans expérience, et vous femmes sensibles qui après avoir éprouvé les peines de l'amour, conservez encore la franchise et la bonne-foi ! c'est pour vous que je vais tracer les remarques suivantes qui pourront peut-être vous servir de boussole, et guider vos réflexions.

Ne vous arrêtez jamais aux discours de celui qui veut vous persuader qu'il vous aime. L'homme le plus froid, le plus insensible, est celui qui sait le mieux feindre et exprimer des sentimens d'amour et de tendresse. L'homme véritablement épris vous regardera en silence et si sa bouche s'ouvre, pour proférer quelques paroles, l'émotion de son ame se peindra dans le désordre de ses expressions. Comme

16

tout ce qu'il pourrait dire est au-
dessous de ce qu'il éprouve, il n'en-
treprendra point de peindre ses
sentimens. Le véritable amant ne
connaît donc ni les mots étudiés ni
les phrases apprêtées. Simple et reservé , n'attendez de lui que le respect et la timidité. Mais ce respect ,
cette timidité peuvent être quelquefois un piège de plus dont l'homme
dissimulé se sert pour vous faire tomber dans ses filets. Phrases entrecou-
pées, regards baissés , soupirs , tout
jusqu'aux larmes est mis en usage
pour vous séduire ; c'est alors qu'il
faut garder le plus de sang froid ,
pour juger le caractère de celui qui
vous intéresse. Des larmes qui coulent
en abondance sont dans un homme
un signe de faiblesse et de peu de
caractère. Elles coulent pour vous ;
elles couleront aussi pour votre ri-

vale. Celui qui pleure beaucoup
aime peu. Il est cependant des
hommes capables de constance et
d'énergie, qui éprouvent des momens d'attendrissement. Mais leur
douleur est concentrée et ne se manifeste que par une oppression qui
étouffe la voix ; leurs yeux deviennent humides ; et laissent rarement
échapper des larmes : mais ces
larmes comme nous l'avons déjà
dit, ont aussi leur physionomie, et
celles d'un cœur généreux ne ressemblent pas à celles de l'homme
faible et dissimulé.

Si vous entrez au milieu d'un
cercle nombreux, gardez toute votre attention pour celui que vous
desirez connaître ; c'est dans une
grande société, qu'il se croira moins
observé, et ces momens d'oubli vous
feront voir l'homme tel qu'il est.

Si la pâleur se montre sur le visage
d'un amant, c'est un signe infaillible des émotions de son cœur.
Mille choses peuvent produire la
rougeur, car le sang peut-être agité
par toute sorte de sentimens tels que
la timidité, le desir de plaire, l'a-
mour propre : mais la pâleur ne peut
arriver qu'au moment où les esprits
arrêtés dans leur cours interrompent
la circulation du sang et l'éloignent
des extrémités en le ramassant autour du cœur. C'est par cette raison
que les facultés physiques abandon-
nent quelquefois un homme trop
épris au moment où la vue d'un bonheur inattendu ou trop desiré, le
saisit et le transporte.

Si vous parlez, l'homme qui vous
aime ne sera pas le premier à vous
applaudir, ni le premier à énoncer
le même sentiment que vous. Ce-

lui qui se range sur-le-champ de
votre avis n'est qu'un homme galant qui veut vous faire sa cour ; au
lieu que celui qui est réellement
touché de ce que vous dites , re-
cueille en silence les paroles sorties
de la bouche qu'il aime. Pourquoi
serait-il empressé de vous faire un
compliment ? Les plus jolies choses
que vous puissiez dire ne sauraient
le surprendre : est-il rien d'aimable ,
de gracieux , de sublime qui puisse
paraître extraordinaire dans celle
dont l'amour a fait une divinité ?

Je crois avoir assez développé dans
la division qui traite des tempéramens (page 113 ,) les raisons pour
lesquelles le tempérament sanguin
flegmatique, est plus fait pour l'a-
mour considéré comme passion. Ce
que je viens de dire est l'application
exacte de ce principe ; car à mon avis

le sanguin est l'homme vif, galant,
empressé, aimable; le sanguin flegmatique est l'homme doux, sensible,
modeste et celui qu'on doit aimer.

La jalousie doit encore être pour
vous une source d'observations. Elle
est, dit-on, la compagne de l'amour;
mais elle est tout aussi souvent la
compagne de l'orgueil et de la vanité.
Combien n'ai-je pas vu d'hommes
infidèles et jaloux, qui se désolaient
du malheur d'être trompés par une
femme, qu'ils n'aimaient pas! Ce
n'est point alors le cœur qui souffre, c'est l'amour propre humilié,
par un rival plus heureux. C'est
quelquefois aussi dans un galant
homme une mortification pénible à
laquelle nous nous sommes assu-
jettis, par un faux point d'honneur,
par le plus absurde et le plus ridicule de tous les préjugés.

Chacune de ces jalousies a son
caractère et sa source particulière.
Voulez-vous distinguer celle d'a-
mour de celle d'amour-propre? Examinez avec attention l'effet que produit sur l'être jaloux le nom de son
rival et sur-tout le bien qu'on en
dit ; vous verrez sur son visage
l'altération que doit causer une indignation concentrée. Il saisira toutes les occasions de déchirer la réputation de celui qui lui est préféré;
chaque parole, chaque expression ,
trahira le motif qui fait distiller de
ses lèvres le venin de la médisance.
L'homme amoureux ne hait point
son rival , il ne le méprise point. Il
est saisi en le voyant, d'un certain
respect involontaire, et combien doit
lui paraître supérieur celui que son
amante a préféré? Absent il exaltera
son mérite et son amabilité, et si dans

ce moment il lui échappe un soupir,
c'est de douleur et non de colère.

Enfin la jalousie d'émulation peut
exister sans haine : il n'est pas même
rare de voir deux rivaux extrêmement jaloux, se chercher continuellement et ne pouvoir vivre l'un sans
l'autre ; c'est un phénomène bien
difficile a expliquer, mais il n'en
existe pas moins, et surtout chez
les femmes très sensibles. Soit qu'é-
tant avec leur rivale, elles éprouvent une certaine douceur à s'assurer,
au moins pour quelques instans,
que leur jalousie peut être en repos ; soit parce que la jalousie tient
comme nous l'avons déjà dit à la
constitution naturelle d'une personne, et que tout jusqu'à ses souffrances devient un besoin physique ;
soit parce que cette passion est la
sœur ou la fille de la curiosité, et

que celle-ci croit trouver à se satisfaire, en observant celui qui en est
l'objet ; soit enfin parce que nous
éprouvons un affreux plaisir à
nourrir notre douleur, de même
que nous aimons à pleurer à une
tragédie, et que par le même principe, certaines personnes animées
d'une curiosité barbare, mais peut-
être naturelle, cherchent à repaî-
tre leurs yeux du supplice d'un
malheureux, malgré la peine que
leur cause un spectacle aussi dé-
chirant.

Il suit de tout ce que nous avons
dit, qu'il est différentes espèces de
jalousie qui ont des caractères bien
opposés ; savoir la jalousie d'amour
ou de douleur, et celle d'amour-
propre ou de haine.

Il est encore un moyen d'observer
si l'orgueil entre pour beaucoup

dans les prévenances et la tendresse apparente d'un amant. Desire-t-il se montrer souvent avec vous en public et dans les sociétés nombreuses ? vous témoigne-t-il un grand plaisir à vous accompagner dans les fêtes ou les endroits ou vous pouvez être le plus remarquée ? Ce n'est pas pour vous qu'il cherche ces plaisirs. C'est pour lui-même. L'amant bien tendre aime la solitude. Il voudrait cacher à tous les yeux l'objet de sa tendresse. Son amie seule, est tout l'univers pour lui. Il cache son trésor comme l'avare. Or celui-ci, n'aime pas à montrer son or à tous les yeux, ni à le faire briller sur des lambris ou sur des carrosses brillans.

Je vous parlerai bientôt des différens traits du visage qui tous ont leur signification. Et si mes obser-

vations vous paraissent legères et
peu satisfaisantes, observez, vous
même, ce sera beaucoup pour moi
d'avoir donné lieu à vos réflexions;
apprenez aussi par vous même à
distinguer dans un époux, certains
momens facheux qui ne sont pro-
duits que par sa constitution naturelle. L'homme n'est qu'un grand
enfant, plus digne d'indulgence que
de haïne : ses plus grandes fautes,
à en bien considérer la source et
le motif, méritent plus votre pitié
que votre ressentiment.

Passons actuellement au N°. 21,
(planche G.) Prenez cette figure depuis le haut jusqu'en bas, elle doit nécessairement réveiller en vous l'idée
d'un flegmatique achevé. Nulle force
dans les traits, nulle tension dans
les contours ; partout le même dégré d'assoupissement, de timidité

et de nonchalance. A coup-sûr, vous n'attendrez ni de grandes entreprises, ni de vastes projets, d'un caractère aussi simple, aussi paisible, aussi insouciant. Pourvu qu'on lui laisse ses aises, pourvu que rien ne trouble sa tranquillité domestique, le monde entier pourra être en activité et en agitation autour de lui. — Il ne s'en mettra point en peine; et certainement un tel caractère ne fera jamais de révolution dans son pays.

———————

CHAPITRE II.

Du Dessin, du Coloris et de l'Ecriture.

Tous les mouvemens de notre corps reçoivent leurs modifications du tempérament et du caractère. Nos instincts, nos facultés, nos penchans diffèrent les uns des autres, et cependant ils se ressemblent tous. Quelque opposés qu'ils paraissent souvent , ils ne se contrarient point. Ce sont des conjurés ligués ensemble par des liens inséparables.

De tous nos exercices habituels, il n'en est point d'aussi variés que les mouvemens de la main et des doits, surtout l'écriture. Combien le moindre mot jetté sur le papier ne

renferme t-il pas de points différens
et de courbes ?

Chaque tableau, chaque figure
détachée conserve et rappelle le caractère du peintre.

Chaque dessinateur et chaque
peintre se reproduit plus ou moins
dans ses ouvrages ; on y démêle
quelque chose de son extérieur,
ou de son esprit. Que cent peintres,
que tous les écoliers d'un même
maître dessinent la même figure —
que toutes ces copies ressemblent
à l'original, de la manière la plus
frappante — elles n'en auront pas
moins chacune un caractère particulier, une teinte et une touche qui
les feront distinguer.

Il est étonnant jusqu'à quel point
le personnel des artistes reparaît
dans leur style et dans leur coloris. Tous les peintres, dessinateurs

et graveurs qui ont une belle chevelure, excellent presque toujours
dans cette partie, et ceux d'entr'eux
qui portaient autrefois la barbe longue, ne manquaient jamais de présenter dans leurs tableaux des figures
ornées d'une barbe vénérable, et
de la travailler avec soin. Une comparaison réfléchie de plusieurs yeux
et de plusieurs mains, dessinés par un
même maître, pourra souvent faire
juger de la couleur des yeux de
l'artiste et de la forme de ses mains.
Van-Dyck nous en offre la preuve.
Dans tous les ouvrages de *Rubens*,
on voit percer l'esprit de sa physionomie; on y reconnait son génie
vaste et productif, son pinceau
hardi et rapide, qui ne s'astraignait
point à une exactitude scrupuleuse;
on sent qu'il s'attachait de préfé-
rence et par goût au coloris des

chairs et à l'élégance de la draperie.
Raphaël se plaisait surtout à per-
fectionner les contours. La même
chaleur et la même simplicité do-
minent dans tous les tableaux du
Titien. Le même style passionné
dans ceux du *Corrège*. Pour peu
qu'on fasse attention au coloris de
Holbein, on ne doute presque pas
qu'il n'aît eu le teint d'un brun
fort clair ; *Albert Durer* l'avait pro-
bablement jaunâtre, et *Largillière*
d'un rouge vermeil.

Ce qui prouve évidemment que
notre constitution influe beaucoup
sur les couleurs ; c'est qu'elles changent souvent à nos yeux selon nos
maladies, ou la qualité de notre
sang. Une personne attaquée de la
jaunisse voit tout en jaune. Les
pâles couleurs donnent à tous les
objets une couleur pâle et blafarde.

En un mot, il est vrai de dire au
physique comme au moral que suivant notre disposition habituelle ,
nous voyons les choses en noir , ou
couleur de rose : Il n'est donc pas
surprenant que le coloris des peintres conserve la teinte de leur humeur et de leur caractère.

La diversité des écritures mérite
aussi quelque attention. Il n'est pas
douteux qu'elles n'ayent leur physionomie particulière , et cela est si
vrai que dans les crimes de faux ,
elle sert de guide aux tribunaux
pour constater la vérité.

Cette différence d'écritures est
fondée sur la différence réelle du
caractère moral : mais ce caractère
se peint beaucoup mieux dans ce
qui vient d'une main très habituée
à écrire , comme dans celle d'un auteur , ou d'un homme qui ne s'atta-

17.

che pas particulièrement à la beauté
des caractères qu'il trace sur le papier,
et qui s'occupe d'avantage de sa production et des beautés qui sortent de
sa plume. Les maîtres d'écriture,
les commis subalternes, les gens
qui par état sont obligés d'écrire
des choses vuides de sens et dénuées
de tout intérêt, ou qui ont beaucoup de tems à y employer; ceux
enfin qui font de l'écriture un objet
capital, y réussissent assez ordinairement car il faut pour cela une
application soutenue qui ne saurait convenir à un esprit bouil-
lant, encore moins à un homme
de génie.

On observe que les personnes d'un
caractère dur et peu liant, ont pour
l'ordinaire une belle écriture.

L'homme faible aura une écriture
lâche et vacillante, c'est ce qu'on re-

marque dans presque toutes les écritures de femme.

Les personnes qui ont un ordre
extrême dans leur conduite, ont une
petite écriture serrée, et rangée avec
beaucoup de symétrie.

Les avares pour l'ordinaire écrivent fort mal, cela vient sans doute,
de ce que le soin de leur fortune ne
leur permet guère de s'appliquer à
une chose qui les distrairait de leur
objet principal. C'est pour la même
raison, que les poëtes et les auteurs en général, écrivent rarement
bien. Ils voudraient suivre en écrivant, la rapidité de leurs pensées;
alors les esprits animaux circulent
avec plus de vitesse et donnent aux
doits une espèce de mouvement
convulsif, qui nuit à la beauté et à
la purté de l'écriture.

En parlant des avares, je vais faire

part d'une remarque qui m'a frappé
plus d'une fois. On croirait que d'a-
près les principes rigides de l'é-
conomie ils devraient ménager le
papier en écrivant — point du tout :
j'ai presque toujours vu chez eux
une écriture lâche et alongée. Cela
vient peut-être de ce qu'ils veulent
que la moindre chose qui leur
échappe paraisse un objet très considérable. C'est par ce motif aussi
que les procureurs et les gens d'affaires ont inventé la *grosse*. Et soit
dit en passant, ils avaient tellement
abusé de cette manière d'écrire,
qu'on fut obligé de fixer le nombre
des mots qui devaient entrer dans
chaque ligne, et le nombre des lignes
qui devaient entrer dans chaque
page.

Il y a une écriture nationale, tout
comme il y a des physionomies

dont chacune retrace quelque chose du caractère de la nation, si bien que les négocians connaissent l'écriture de tel ou tel pays.

La position d'esprit dans laquelle se trouve une personne, influe beaucoup sur son écriture, au point qu'à l'ouverture d'une lettre on pourrait juger si elle a été écrite dans une situation tranquille ou inquiète, à la hâte ou à tête reposée.

Il faut distinguer dans l'écriture : la substance et le corps des lettres, leur forme et leur arrondissement, leur hauteur et leur longueur, leur position, leur liaison, l'intervalle qui les sépare, l'intervalle qui est entre les lignes : si elles sont droites ou de travers : la netteté de l'écriture, sa legerté ou sa pesanteur.

Je terminerai ce chapitre par une

observation dont tout le monde a
été sûrement frappé comme moi :
c'est que la plupart du tems on
voit une analogie admirable entre
le langage , la démarche et l'é-
criture.

CHAPITRE III.

Du Style, du Langage, et de la Voix.

SI jamais chose au monde peut servir à faire connaître l'homme, c'est son style. Tels nous sommes, tels nous parlons et tels nous écrivons. Le physionomiste dira un jour, à la vue d'un orateur, d'un homme de lettres : c'est ainsi qu'il parle, c'est ainsi qu'il écrit. Il dira un jour sur le son de la voix d'un homme qu'il n'a pas vu , sur le style d'un ouvrage dont il ignore l'auteur : cet inconnu doit avoir tels et tels traits , une autre physionomie n'est pas faite pour lui. Chaque ouvrage porte le caractère de son ouvrier. Un homme

dont le front est alongé et presque
perpendiculaire, aura toujours le
style sec et dur. Uu autre dont le
front est spacieux, arrondi, sans
nuances et d'une construction délicate, écrira coulamment et avec legerté : mais il n'approfondira et ne
sentira rien. Celui dont les sinus
frontaux sont fort saillans, pourra
se faire un style coupé, sententieux
et original : mais vous ne trouverez
point dans ses compositions la liaison, la purté et l'élégance qui distinguent les bons écrivains. Enfin
avec un front médiocrement élevé,
régulièrement vouté, et dont les
angles sont doucement marqués
près de l'os de l'œil — avec un
tel front, dis-je, on mettra dans
ses ouvrages de la vivacité et de la
précision, de l'agrément et de la
force.

Le son de la voix, son articulation, sa douceur et sa rudesse, sa
faiblesse et son étendue, ses inflexions dans le haut et dans le bas,
la volubilité ou l'embarras de la langue, tout cela est infiniment caractéristique. Il est presque impossible
qu'un son déguisé puisse échapper
à une oreille délicate, et de toutes
les dissimulations, celle du langage
quelque raffinée qu'elle soit, est la
plus aisée à découvrir. Mais le
moyen d'exprimer par des signes
tous ces sons de voix si différens?
Non-seulement on ne parvient pas à
les contrefaire, mais la plupart du
tems on les défigure. Le moyen surtout d'imiter le langage naïf de la
douceur et de la bonté, celui de la
candeur et de l'innocence, l'accent
de la persuasion, de la vérité et de
la bienveillance!

On peut partager les sons de voix
en trois classes différentes. Ils seront traînans, ou forcés, ou naturels. Le premier est en deça, le
second au-delà, et le troisième au
niveau de la vérité.

On pourrait ajouter bien des choses sur les ris et les pleurs, sur les
soupirs et les cris. Quelle différence
entre le rire affectueux de l'homme
sensible, et le rire infernal qui se ré-
jouit du mal d'autrui! Il est des larmes qui pénètrent, il en est d'autres
qui provoquent l'indignation et le
mépris..... Mais je laisse toutes
ces réflexions au tact et au discernement du lecteur ; je me contenterai de dire un mot sur l'habillement.

CHAPITRE IV.

De l'Habillement et de la Mode.

UN homme raisonnable se met tout autrement qu'un fat, une dévote autrement qu'une coquette. La propreté et la négligence, la magnificence et la simplicité, le bon et le mauvais goût, la présomption et la décence, la modestie et la fausse honte — Voilà autant de choses qu'on distingue à l'habillement seul. La couleur, la coupe, la façon, l'assortiment d'un habit, tout cela est expressif et nous caractérise.

Le sage est simple et uni dans son extérieur : la simplicité lui est naturelle. On reconnaît bientôt une personne qui s'est parée dans l'in-

tention de plaire, celle qui ne cherche qu'à briller, et celle qui se
néglige, soit pour insulter à la décence, soit pour se singulariser.

On observe que les personnes
qui outrent la mode, ne trouvent
rien de mieux à faire que de s'en
occuper extrêmement, c'est-à-dire,
que ce sont pour la plupart, des gens
superficiels, sans caractère, et ordinairement de mauvais goût pour
les arts et pour tous les ouvrages
de l'esprit.

L'affectation que mettent certaines gens à se mettre d'une manière
tout-à-fait opposée à la mode, ou qui
s'acharnent à en conserver une qui
est passée depuis long-tems, annonce un caractère opiniâtre, caustique, médisant, peu d'esprit, et
beaucoup de ridicules ; en un mot
le caractère d'une dévote. Il n'est

aucun de nous qui ne se soit trouvé
plus d'une fois en sa vie, avec quelque bonnet à papillon : on est tout
étonné que ces têtes pommadées
avec un soin extrême, où un che-
veu ne passe pas l'autre, s'occupent
tant de modes et de toilette. Leur
langue s'exerce sans cesse à criti-
quer les costumes du jour, et à
condamner l'indécence du siècle.
Je demande si des cheveux relevés
tout au-tour de la tête, laissant à
découvert les oreilles, le front et
le col sont bien plus décens qu'une
perruque blonde ? Les Juives regardaient comme une chose très contraire à la pudeur de laisser voir
leur chevelure. Aussi avaient-elles
toujours un bandeau sur le front, et
la tête couverte. Elles sont à présent à leur aise, grace à l'invention
des perruques, et leur modestie se

combine parfaitement avec une coeffure galante. Heureuse invention, qui dispense les têtes délicates du tourment d'être pendant deux heures, sous la dent meurtrière d'un peigne impitoyable !

j'entends déjà des moralistes austères se récrier sur cette invention, qu'ils attribuent à une espèce de fausseté et de dissimulation. Ce genre de coeffure empruntée altère, disent-ils, la vérité de la physionomie, et donne à la figure un air différent de celui qu'elle doit avoir naturellement : on jugerait beaucoup mieux les visages, si chacun portait ses cheveux et les laissait flotter librement. Je n'entreprendrai point de répondre à toutes ces objections contre les perruques ; car en fait de modes, celui qui en parle le moins, et qui en est le

moins esclave , celui en un mot
qui sait user de ce qu'elles ont de
commode sans en suivre l'excès ridicule , est selon moi le plus sage.
Je ne puis néanmoins me dispenser
de rapporter ici quelques coutumes
adoptées par différentes nations.

La bisarrerie et la variété des
usages , paraissent singulièrement
dans la manière dont les hommes
ont arrangé les cheveux et la barbe.
Les uns, comme les Turcs coupent
leurs cheveux , et laissent croître leur
barbe. D'autres , comme la plupart
des Européens portent leurs cheveux
ou des cheveux empruntés , et rasent
leur barbe. Les Sauvages se l'arra-
chent et conservent soigneusement
leurs cheveux. Les Nègres se rasent
la tête par figures , tantôt en étoile,
tantôt à la façon des religieux , et
plus communément encore par ban-

des alternatives, en laissant autant de plein que de rasé. Ils font la même chose à leurs petits garçons. Les Talapoins de Siam, font raser la tête et les sourcils aux enfans dont on leur confie l'éducation : chaque Peuple a sur cela des usages différens. Les uns font plus de cas de la barbe de la lèvre supérieure que de celle du menton, d'autres préfèrent celle des joues et celle du dessous du visage ; les uns la frisent, les autres la portent lisse. Nous avons long-tems porté les cheveux de derrière la tête épars et flottans, nous les avons ensuite portés dans un sac et nous les attachons maintenant avec un ruban.

Nos habillemens sont différens de ceux de nos pères. La variété dans la manière de se vêtir est aussi grande que la diversité des nations.

Ce qu'il y a de singulier, c'est que
de toutes les espèces de vêtemens,
nous avons choisi l'une des plus incommodes, et que notre manière,
quoique généralement imitée par
tous les peuples de l'Europe, est en
même tems de toutes les manières
de se vêtir celle qui demande plus
de tems, celle qui est la moins assor-
tie à la nature.

Quoique les modes semblent n'a-
voir d'autre origine que le caprice
et la fantaisie, ces caprices adop-
tés et ces fantaisies générales méritent d'être examinés. Les hommes
ont toujours fait et feront toujours
cas de tout ce qui peut fixer les
yeux des autres hommes, et leur
donner en même tems des idées
avantageuses de richesses, de puissance, de grandeur etc. La valeur
de ces pierres brillantes qui de tout

18

tems ont été regardées comme des
ornemens précieux , n'est fondée
que sur leur rareté et sur leur éclat
éblouissant. Il en de même de ces
métaux éclatans dont le poids nous
parait si léger , lorsqu'il est réparti
sur tous les plis de nos vêtemens ,
pour en faire la parure. Ces pierres ,
ces métaux sont moins des ornemens pour nous que des signes pour
les autres , auxquels ils doivent nous
remarquer et reconnaître nos richesses. Nous tâchons de leur en
donner une plus grande idée , en
agrandissant la surface de ces métaux. Nous voulons fixer les yeux ,
ou plutôt les éblouir. Combien peu
y en a-t-il en effet qui soient capables de séparer la personne de son
vêtement, et de juger sans mêlange
l'homme et le métal!

Tout ce qui est rare et brillant

sera donc toujours de mode , tant
que les hommes tireront plus d'a-
vantage de l'opulence que de la
vertu , tant que les moyens de paraître considérable , seront si différens de ce qui mérite seul d'être
considéré. L'éclat extérieur dépend
beaucoup de la manière de se vêtir. Cette manière prend des formes différentes , selon les différens
points de vue sous lesquels nous
voulons être regardés. L'homme modeste ou qui veut le paraître , veut
en même tems marquer cette vertu
par la simplicité de son habillement ;
l'homme glorieux ne néglige rien
de ce qui peut étayer son orgueil
ou flatter sa vanité. On le reconnaît
à la richesse ou à la recherche de
ses ajustemens.

Un autre point de vue que les
hommes ont assez généralement, est

de rendre leur corps plus grand, plus étendu. Peu contens du petit espace dans lequel est circonscrit notre être, nous voulons tenir plus de place en ce monde que la nature ne peut nous en donner. Il n'y a pas encore dix ans qu'on cherchait en France à s'agrandir, soit par des chaussures élevées ou des vêtemens renflés. Quelque amples qu'ils fussent, la vanité qu'ils couvraient n'était-elle pas encore plus grande. Pourquoi la tête d'un docteur était-elle environnée d'une quantité énorme de cheveux empruntés, et que celle d'un homme du bel air en était si légèrement garnie ? L'un voulait qu'on jugeat de l'étendue de sa science par la capacité physique de cette tête dont il grossissait le volume apparent, et l'autre ne cherchait à le diminuer, que pour donner l'idée de la légereté de son esprit (*).

Il y a des modes dont l'origine est plus raisonable, ce sont celles où l'on a eu pour but de cacher des défauts et de rendre la nature moins desagréable. A prendre les hommes en général, il y a beaucoup plus de figures défectueuses et de laids visages, que de personnes belles et bien faites. Les modes qui ne sont que l'usage du plus grand nombre, usage auquel le reste se soumet, ont donc été introduites, établies par ce grand nombre de personnes intéressées à rendre leurs défauts plus supportables. Les femmes ont coloré leur visage, lorsque les roses de leur teint se sont flétries, et lors-

_____

(*) Voyez Buffon, histoire naturelle de l'homme.

qu'une pâleur naturelle les rendait
moins agréables que les autres. Cet
usage est presque universellement
répandu chez tous les Peuples de
la terre. Celui de se blanchir les
cheveux avec de la poudre et de
les enfler par la frisure, quoique,
beaucoup moins général, et bien
plus nouveau, paraît avoir été ima-
giné pour faire sortir d'avantage les
couleurs du visage et en accompagner plus avantageusement la
forme.

Ce goût et celui de la parure en
général, lorsqu'il n'est pas porté à
l'excès, annonce des mœurs douces
et un caractère aimable.

CHAPITRE V.

De la tête et des traits du visage.

LA nature comme nous avons déjà dit, ne s'amuse pas à apparier des parties détachées ; elle compose d'un seul jet : ses organisations ne sont pas des pièces de rapport. Et cette homogénéité que nous avons remarquée dans les attitudes, n'existe pas moins dans les traits d'une personne. « Les plus grands maîtres dit *Lavater* offrent à cet égard les incongruités les plus choquantes. Il n'en est pas un seul qui aît étudié à fonds l'harmonie des contours du corps humain ; pas même le *Poussin*, pas même *Raphaël*. Classifiez dans leurs tableaux les formes du

visage ; opposez-y des formes analogues prises dans la nature, c'est-
à-dire , dessinez , par exemple le
contour des fronts , cherchez en de
pareils dans la nature , et comparez ensuite les progressions des uns
et des autres ; vous trouverez des
dissemblances qu'on n'aurait guère
attendu des premiers maîtres de
l'art.

» Si on excepte l'alongement et
la tension des figures et surtout des
figures d'hommes, on assignerait peut
être avec justice à *Chodowiecky ,*
le plus de sentiment pour l'homogénéité — mais ce n'est que dans
les carricatures ; c'est-à-dire , qu'il
réussit à exprimer la cohérence des
parties et des traits dans les sujets
grimacés , dans les caractères char-
gés ou burlesques ; car de même
qu'il y a une homogénéité pour la

beauté, il y en a aussi une pour
la laideur. Chaque figure hétéro-
clite, a une espèce d'irrégularité
qui lui est particulière et qui s'é-
tend à toutes les parties de son
corps ; tout comme les actions d'un
homme de bien, et les mauvaises
actions d'un méchant conservent
toujours le caractère de l'original ».

Pourquoi ne s'est-on pas encore
avisé d'associer dans un même visage des yeux de couleur différente ?
Cette disparate ne serait pas plus
ridicule que de rapporter le nez
d'une Vénus au visage d'une Vierge ; bizarrerie qui se commet tous
les jours, et qui n'en révolte pas
moins l'œil observateur, du physionomiste. On a vu souvent dans un
bal masqué, qu'un simple nez de
carton, rendait une personne mé-
connaissable à ses plus intimes amis.

Tant il est vrai que la nature répugne à tout ce qui lui est étranger.

Nous allons rapporter ici quelques observations de *Lavater*, sur
l'analogie qui se trouve entre les
différens traits du visage.

Parmi cent fronts qui paraissent
arrondis dans le profil, il n'en est
pas un seul qui présente un nez
aquilin. Sur le même nombre de
fronts quarrés, ou qui approchent
de cette forme, il n'en est pas un
dont les progressions ne soient marquées par des cavités profondes.

Quand le front est perpendiculaire, jamais le bas du visage n'offre
des parties courbées en cercle, à
moins que ce ne soit le dessous du
menton.

Lorsque la forme du visage est
perpendiculaire et soutenue par des
os très compactes, elle n'admet ja-

mais des sourcils fortement arqués.

Si le front est avancé, la lèvre d'en bas déborde pour lordinaire ; seulement cette règle n'est point applicable aux enfans.

Des fronts légèrement courbés et cependant fort couchés en arrière, ne sauraient souffrir un petit nez retroussé dont le contour présente en profil une excavation marquée.

La proximité du nez à l'œil, décide toujours de l'éloignement de la bouche.

Une forme ovale du visage, suppose presque toujours des lèvres charnues et bien dessinées.

Lorsque la bouche sourit avec bonté, elle est inséparable d'un regard doux et benin.

Un front élevé annonce ordinairement une chevelure fine.

Un menton épais et charnu, s'accorde assez avec un nez arrondi par le bout.

Après avoir établi le rapport qui se trouve entre tous les traits du visage, comme entre toutes les parties du corps, je vais donner quelque détails sur la tête de l'homme et sur chaque trait du visage en particulier.

La tête est la plus noble et la plus essentiel de toutes les parties du corps, en ce qu'elle est le siège principal de l'esprit et de toutes les facultés intellectuelles.

Une tête qui est dans une exacte proportion, c'est-à-dire, qui n'est ni trop grande, ni trop petite, annonce en général un caractère d'esprit plus parfait qu'on n'oserait l'attendre d'une tête disproportionnée. Trop volumineuse, elle indique presque toujours une stupidité gros-

sière — trop petite elle est un signe
de faiblesse et d'ineptie.

Quelque proportionnée que soit
la tête au corps , il faut encore
qu'elle ne soit ni trop arrondie ni
trop alongée : plus elle est régu-
lière, plus elle est parfaite. On peut
appeller bien organisée celle dont
la hauteur perpendiculaire , prise
depuis l'extrémité de l'occiput jusqu'à la pointe du nez , est égale à
sa largeur horizontale.

Quant au visage , on peut le
diviser en trois parties , dont la
première s'étend depuis le front
jusqu'aux sourcils; la seconde, depuis les sourcils jusqu'aux bas du
nez ; la troisième, depuis le bas
du nez jusqu'à l'extrémité du bas
du menton. Plus ces trois étages
sont symétriques , plus on peut
compter sur la justesse de l'esprit

et sur la régularité du caractére; *Hypocrate* parait attribuer les variétés des formes qu'offrent les diverses têtes humaines aux sages-femmes et aux garde-enfans. Du moins assure-t-il que la longueur de la tête ayant été reconnue comme plus belle chez plusieurs nations , on y avait comprimé la tête des enfans, de manière à leur procurer cette forme et que d'après la réitération de cet acte, la nature elle-même s'était modifiée au point de faire naître les hommes doués de certaines formes qui passaient pour les plus agréables aux yeux de chaque nation en particulier. *Vésale* le confirme en disant, que les sages-femmes se font payer par les mères, afin d'arrondir la tête de leurs enfans. Le même auteur prétend que si les allemands en général ont le derrière de la tête applati, et le visage extrêmement large, cela vient de ce que chez eux, on couche les enfans sur le dos. Dans les pays-bas ils ont la tête alongée, parce que les mères ont l'habitude de les placer dans leurs berceaux, sur le côté.

Plusieurs phylosophes ont fait jouer à l'art un très grand role en cette conjoncture. *Scaliger* semble y mettre le sceau, lorsqu'il assure que les Génois instruits par les Maures leurs ayeux, a applatir la tête de leurs enfans pendant qu'ils dormaient, ont fait si bien qu'ils naissent maintenant tous avec une tête et une ame à la Tersite (*).

(*) Tersite, un des plus lâches mortels et des plus laids qu'il y ait eu chez les Grecs, fut tué par Achille en punition des invectives qu'il avait

Les voyageurs nous racontent que
dans plusieurs pays habités par des
sauvages, on applatit par gradation
la tête des enfans, au point qu'en
grandissant, leur visage présente une
surface monstrueuse. Cette idée bi-
zarre vient peut-être de ce que
cette forme leur semble plus agréable,
ou de ce qu'ils espèrent par ce
moyen paraître plus terribles à leurs
ennemis.

Du Front.

Le front est la plus caractéristique de toutes les parties du visage.
Quelque ridicules que soient les rê-
veries que les Chiromanciens ont

---

vomi contre ce héros. Homère a décrit liv. 2 de
l'Illiade, son horrible figure qui a laissé une telle
impression, qu'elle est passée en proverbe.

débitées sur les lignes du front, il faut convenir qu'elles sont très significatives en physiologie ; mais aulieu d'influer sur le sort d'un homme comme l'ont dit plusieurs anciens, elles n'annoncent à mon avis, que la mesure de sa force ou de sa faiblesse, de son dégré de capacité et d'irritabilité. C'est donc tout au plus dans ce sens qu'elles peuvent servir à faire deviner le sort futur de l'homme, à - peu - près comme la grandeur ou la médiocrité de sa fortune, peuvent nous faire conjecturer le rang auquel il est destiné.

La partie osseuse du front, sa forme, sa hauteur, sa voûte, sa proportion et sa régularité, marquent la disposition et la mesure de nos facultés, notre façon de penser et de sentir. La peau du front, sa

19

position, sa couleur, sa tension ou
sa relaxation, font connaître les
passions de l'ame, l'état actuel de
notre esprit. Ou en d'autres termes,
la partie solide du front indique la
mesure interne de nos facultés, et
la partie mobile, l'usage que nous
en fesons.

Les fronts vus de profil peuvent
se réduire à trois classes générales.
Ils sont ou penchés en arrière, ou
perpendiculaires, ou proéminens.

Établissons maintenant quelques
observations particulières.

1°. Plus le front est grand et
alongé, plus l'esprit est dépourvu
d'énergie et manque de ressort :
cela vient sans doute de ce que les
esprits ayant un trop grand espace
à parcourir, perdent leur feu et
leur activité. L'homme devient alors
d'une conception lente qui se com-

munique à tous ses jugemens et à
toutes ses actions. Cette espèce de
front ressemble à celui d'un bœuf.

2°. Lorsque le front pêche par
trop de petitesse , les esprits ne
trouvant pas assez d'espace pour cir-
culer , leur cours est troublé ; et dans
cette confusion, le jugement n'attend
pas la comparaison des idées. Il est
précipité et par conséquent sujet à
être défectueux. De tels fronts se
rapportent à celui d'un porc. On
doit faire une différence du front
étroit et resserré avec un petit front,
c'est-à-dire sur lequel les cheveux
descendent trop et lui ôtent sa proportion naturelle de hauteur. Le
front étroit et resserré est tel , lorsque les cheveux avancent trop des
tempes sur le front et diminuent
sa largeur requise. Les anciens Romains regardaient la petitesse du

front, quand elle n'était pas excessive, comme un trait de beauté, et
même aujourd'hui les Circassienes,
pour faire paraître leur front plus
petit, se peignent les cheveux du
toupet en avant, de façon qu'ils descendent presque jusqu'aux sourcils.

S'il faut en croire quelques auteurs, on ne peut rien attendre que
de petit et d'efféminé de ceux dont
le front est trop petit. *Fuchsius*
ajoute qu'il sont très promts à se
mettre en colère, inconstans, légers
et bavards, curieux admirateurs des
belles actions, et peu jaloux de les
imiter, parce que les ventricules
du cerveau étant trop étroits, leurs
idées s'y confondent et s'y troublent.
Ils sont incapables de grands sentimens d'amitié, et se perdent enfin
dans leurs raisonnemens, parce qu'ils
n'en connaissent ni la chaîne ni le but,

et que la parole chez eux , marche toujours avant la pensée.

3°. Les fronts arrondis comme celui de l'âne en ont ordinairement le caractère et les penchans , c'est-à-dire qu'ils sont patiens ; mais entêtés et peu sensibles comme lui.

4°. Ceux qui ont le front quarré et d'une grandeur moyenne sont courageux, sages et magnanimes comme le lion.

Un front fortement silloné et ridé, indique un homme pensif et soucieux ; car lorsque notre esprit est sérieusement occupé , nous fronçons les sourcils.

Ceux qui ont le front nébuleux et rabaissé , méditent des actions lugubres, des traits d'audace ; c'est de là que vient l'expression *déridez votre front* , c'est-à-dire ayez l'air moins soucieux.

Lorsque les rides ou sillons ont
leur direction de bas en haut, ils
annoncent une personne colère ; car
ces rides se forment dans les accès
de cette passion. Les latins appel-
aient cette sorte de front, *frons*
ugosa. Mais un front rude et dur,
indique l'impudence et la férocité.
Ce sont ces sortes de fronts que l'on
appelle *fronts d'airain*, qui ne rou-
gissent jamais et qui sont enclins à
l'inhumanité et à tant d'autres défauts.

Lorsque les nœuds sont bien disposés, symétriques et quarrés, ces
sortes de fronts d'airain annoncent
un caractère infiniment énergique
et entreprenant : mais on aurait
grand tort de les accuser indistinc-
tement de férocité.

Le front inégal semble composé
le petites éminences qui forment

comme des hauteurs , mêlées de val-
lons et de petits creux : il est un
indice du penchant à la tromperie
et à l'imposture , surtout quand les
hauteurs ne sont que l'effet de la
contraction réitérée de la peau et
des muscles qu'elle couvre, et non
de la forme de l'os du crâne ; car
il n'y a que les mouvemens des
muscles qui, étant un effet de la
volonté , retirent, contractent ou
étendent la peau. Or tout le monde
sait qu'il n'appartient qu'à un fri-
pon , à un trompeur, à un fourbe ,
de masquer son front comme il veut,
en lui imprimant les mouvemens à
sa volonté. Alors pour le démas-
quer , il faut considérer ses yeux ,
où les mouvemens du cœur sont
plus naturels : d'ailleurs un homme
dissimulé peut bien changer quelque chose à la partie mobile de son

front : mais le système osseux reste toujours le même, et la trace, ainsi que la direction des rides, ne peuvent s'effacer entièrement.

Il y a des fronts qui préviennent en faveur d'une personne, dès le premier abord et d'autres qui déplaisent. En effet un front serein annonce la tranquillité habituelle de l'ame et la douceur du caractère.

Mais un front très épanoui annonce souvent un complaisant flatteur, et quelquefois un homme disposé à vous tendre un piège. Tels sont les fronts des chiens dangereux qui vous caressent pour obtenir une proye.

Quelquefois aussi un front sévère et nébuleux, étiquette des soucis et de la durté du caractère, appartient au courage mêlé de férocité. Le tigre et le chat ont le front riant ;

le lion a le front ridé et sérieux.

On observe qu'un grand front va ordinairement avec l'embonpoint, et un petit front appartient la plupart du tems à un corps délicat.

Lorsque le front est ridé en long et particulièrement à la racine du nez, c'est un signe de réflexion et de mélancolie.

Les personnes dont le front suit le mouvement des yeux et des sourcils, ressemblent au singe, et ont comme lui le caractère inquiet et égoïste ; et comme cette inquiétude et cet égoïsme portent ces sortes de gens à n'être jamais contens de leur position, ils sont ordinairement enclins à l'avarice.

Un front ridé avant que l'âge y aît imprimé ses traces, indique un tempérament mélancolique, qui a

été livré aux soucis et aux inquiétu-
des des affaires, à une ambition
qui n'a pas été satifaite, à une étude
suivie et constante ; mais le front
sourcilleux marque ordinairement la
sévérité et la critique amère, ainsi
que l'envie.

Quant aux lignes ou sillons que l'on
voit au front, et qui le traversent
dans sa hauteur, dans sa largeur, ou
dans d'autres directions, on saura que
moins ces lignes sont nombreuses et
profondes, plus elles désignent d'humidité de tempérament, comme on
peut le voir dans les enfans, les
adolescens, et dans le sèxe féminin. Les lignes larges annoncent
une chaleur douce, parce qu'elle
est modéré par l'humidité, et montrent un naturel gai et joyeux, qui
n'a pas éprouvé de revers de fortune. Les lignes étroites semblent

être reservées pour les femmes et pour les hommes efféminés.

Il y a ordinairement cinq ou sept lignes, jamais moins de trois. Les droites et continues indiquent un bon tempérament, de la constance, de la fermeté et de la droiture. Celles qui sont discontinues et tortues sont l'indice du contraire, quand elles se coupent en différens sens. Les lignes qui s'étendent en rameaux, sont, dit-on, marque de l'homme à projets, de l'homme irrésolu et inconstant.

Des Yeux.

« C'est dans les yeux, dit *Buffon*, que se peignent les images de nos secrettes agitations, et qu'on peut les reconnaître ; l'œil appartient à

l'ame plus qu'aucun autre organe,
il semble y toucher et participer à
tous ses mouvemens, il en exprime
les passions les plus vives et les
émotions les plus tumultueuses,
comme les mouvemens les plus doux,
et les sentimens les plus délicats;
il les rend dans toute leur force,
dans touté leur pureté, tels qu'ils
viennent de naître; il les transmet
par des traits rapides, qui portent
dans une autre ame le feu, l'action,
l'image de celle dont ils partent;
l'œil reçoit et réfléchit en même
tems la lumière de la pensée et la
chaleur du sentiment; c'est le sens
de l'esprit et la langue de l'intelli-
gence.

» Les couleurs les plus ordinaires
dans les yeux sont le bleu ou l'orangé
et le pius souvent ces couleurs se
trouvent dans le même œil. Les yeux

que l'on croit être noirs, ne sont
que d'un jaune brun, ou d'orangé
foncé; il ne faut, pour s'en assurer
que les regarder de près : car lorsqu'on les voit à quelque distance,
ou qu'ils sont tournés à contre-jour,
ils paraissent noirs, parce que la
couleur jaune-brun touche si fort
sur le blanc de l'œil, qu'on la juge
noire par l'opposition du blanc. Les
yeux qui sont d'un jaune moins
brun, passent aussi pour des yeux
noirs ; mais on ne les trouve pas
si beaux que les autres, parce que
cette couleur tranche moins sur le
blanc. Il y a aussi des yeux jaunes
et jaunes-clairs ; ceux-ci ne paraissent pas noirs, parce que ces
couleurs ne sont pas assez foncées
pour disparaître dans l'ombre. On
voit très communément dans le
même œil des nuances d'orangé,

de jaune, 'de gris et de bleu. Dès
qu'il y a du bleu , quelque leger
qu'il soit, il devient la couleur do-
minante. Cette couleur paraît par
filets dans toute l'étendue de l'iris,
et l'orangé est par flocons autour
et à quelque petite distance de la
prunelle ; le bleu efface si fort cette
couleur, que l'œil paraît tout bleu,
et on ne s'apperçoit du mêlange
de l'orangé qu'en le regardant de
près. Les plus beaux yeux sont
ceux qui paraissent noirs ou bleus,
la vivacité et le feu qui font le caractère principal des yeux , éclatent
d'avantage dans les couleurs foncées
que dans les demi-teintes de couleur ; les yeux noirs ont donc plus
de force , d'expression et de vivacité ; mais il y a plus de douceur ,
et peut-être plus de finesse dans
les yeux bleus ; on voit dans les

premiers un feu qui brille unifor-
mément , parce que le fond qui
nous paraît de couleur uniforme ,
renvoye par-tout les mêmes reflets ,
mais on distingue des modifications
dans la lumière qui anime les yeux
bleus, parce qu'il y a plusieurs teintes
de couleurs qui produisent des reflets différens.

» Il y a des yeux qui se font
remarquer sans avoir , pour ainsi
dire , de couleur : ils paraissent être
composés différemment des autres ;
l'iris n'a que des nuances de bleu
ou de gris , si faibles qu'elles sont
presque blanches dans quelques endroits. Les nuances d'orangé qui s'y
rencontrent sont si légères qu'on
les distingue à peine du gris et du
blanc , malgré le contraste de ces
couleurs. Le noir de la prunelle
est alors trop marqué, parce que

la couleur de l'iris n'est pas assez
foncée. On ne voit pour ainsi dire
que la prunelle isolée au milieu de
l'œil ; ces yeux ne disent rien et le
regard en paraît fixe ou effacé.

» Il y aussi des yeux dont la
couleur de l'iris tire sur le verd.
Cette couleur est plus rare que le
bleu, le gris, le jaune et le jaune-
brun ; il se trouve aussi des personnes dont les deux yeux ne sont
pas de la même couleur Cette variété que l'on voit dans la couleur
des yeux est particulière à l'espèce
humaine, à celle du cheval, etc. »

Les mouvemens de l'œil, quels
qu'ils soient, ne sont que des résultats de sa forme et de sa nature
spécifique. Quand on connait le
caractère général de l'œil, on peut
se figurer mille mouvemens indivi-
duels qui lui seront exclusivement

propres dans une infinité de cas
donnés. Je dis plus, sa forme seule , son contour , ou même une
simple section exacte du contour
suffira au physionomiste entendu ,
pour déterminer en plein le caractère physique , moral et intellectuel de l'œil.

Les yeux bleus annoncent plus
de faiblesse , un caractère plus
mou et plus efféminé que les yeux
orangé , bruns ou noirs. Les yeux
noirs annoncent un esprit mâle et
profond ; et les yeux jaune - brun
sont ordinaires aux hommes de
génie.

Il serait intéressant d'examiner
comme une exception à cette règle,
pourquoi les yeux bleus sont si
rares en Chine et aux isles Phi-
lippines ; pourquoi on ne les trouve
jamais qu'à des Européens , ou à

20

des Créoles, tandis que les Chinois
sont le plus mou, le plus voluptueux et le plus paisible de tous
les peuples de la terre.

Les gens colères ont les yeux
de différentes couleurs, rarement
bleus, plus souvent bruns ou verdâtres. Les yeux de cette dernière
espèce sont en quelque sorte un
signe distinctif de vivacité ou de
courage.

On voit rarement des yeux bleus-
clairs à des personnes colères, et
presque jamais à des mélancoliques. Cette couleur semble s'attacher particulièrement aux flegmatiques.

Quand le bord, ou la dernière
ligne circulaire de la paupière d'enhaut décrit un plein cintre, c'est
la marque d'un bon naturel et de
beaucoup de délicatesse ; quelque-

fois aussi d'un caractère timide, féminin ou enfantin.

Des yeux qui étant ouverts, ou qui n'étant pas comprimés, forment un angle alongé et aigu vers le nez appartiennent, pour ainsi dire, exclusivement à des personnes ou très judicieuses, ou très fines. Le coin de l'œil est-il obtus ? le visage a toujours quelque chose d'enfantin.

Lorsque la paupière se dessine presque horizontalement sur l'œil, et coupe diamétralement la prunelle, je m'attends ordinairement à un homme très fin, et très adroit.

Des yeux larges où il parait beaucoup de blanc au-dessous de la prunelle, sont communs au tempérament flegmatique et au tempérament sanguin. Mais dans la comparaison,

on les distingue aisément. Les uns
sont faibles, battus et vaguement
dessinés ; les autres sont pleins de
feu, fortement prononcés et moins
échancrés : ils ont des paupières
plus égales, plus courtes, mais en
même tems moins charnues.

Des paupières reculées et fort
échancrées annoncent la plupart du
tems un homme colérique. On y
reconnaît aussi l'artiste et l'homme
de goût. Elles sont rares chez les
femmes, et tout au plus reservées
pour celles qui se distinguent par
une force d'esprit ou de jugement
extraordinaire.

Plusieurs physionomistes ont re-
gardé les yeux louches comme une
preuve de fausseté dans le caractère. On pourrait je crois accuser
de cette fausseté avec plus de raison, les personnes qui regardent

de côté ou en dessous , et qui semblent éviter les regards de celui
qui les écoute. La crainte d'être
fixé en face se manifeste visible-
ment dans un enfant qui se sent
coupable. Est-ce timidité, ou conscience d'une faute qu'il voudrait dissimuler, parce qu'il ne se sent pas la
force ou la volonté de se corriger ?
Quoiqu'il en soit, de tels sentimens
manquent de franchise et d'élévation.
Ainsi, lorsque l'habitude de détourner les yeux se continue dans un âge
plus avancé, la même cause subsiste
et suppose les mêmes défauts.

Les yeux louches ne sont pas tels
par un semblable principe. Ils le
deviennent quelquefois par l'igno-
rance ou le peu de soin d'une
mère ou d'une nourrice.

« Les yeux des enfans (dit *Buf-*
fon) se portent toujours du côté

le plus éclairé de l'endroit qu'ils habitent, et s'il n'y a que l'un de leurs yeux qui puisse s'y fixer, l'autre n'étant pas exercé, n'acquerra pas autant de force. Pour prévenir cet inconvénient, il faut placer le berceau de façon qu'il soit éclairé par les pieds, soit que la lumière vienne d'une fenêtre ou d'un flambeau. Dans cette position, les deux yeux de l'enfant peuvent la recevoir en même tems, et acquérir par l'exercice une force égale : si l'un des yeux prend plus de force que l'autre, l'enfant deviendra louche, car il est prouvé que l'inégalité de force dans les yeux est la cause du regard louche ».

Des Sourcils.

Souvent les sourcils seuls devien-

nent l'expression positive du **carac-**
tère de l'homme. Lorsqu'ils sont
doucement arqués, ils s'accordent
avec la simplicité et la modestie
d'une jeune vierge.

Placés en ligne droite et horizontalement , ils se rapportent à
un caractère mâle et vigoureux.

Lorsque leur forme est moitié
horizontale , moitié courbée , **la**
force de l'esprit se trouve réunie
à une bonté ingénue.

Des sourcils rudes et en désordre , sont toujours le signe d'une
vivacité intraitable ; mais cette même
confusion annonce un feu modéré,
si le poil est fin.

Lorsqu'ils sont épais et compactes , que les poils sont couchés
parallèlement, et pour ainsi dire,
tirés au cordeau , ils promettent
un jugement mur et solide , une

profonde sagesse, un sens droit et rassis.

Des sourcils qui se joignent passaient pour un trait de beauté chez les Arabes, tandis que les anciens physionomistes y attachaient l'idée d'un caractère sournois. La première de ces opinions me parait fausse ; la seconde exagérée ; car j'ai souvent trouvé ces sortes de sourcils aux physionomies les plus honnêtes et les plus aimables. Il est vrai cependant qu'ils font contracter au visage un air plus ou moins refrogné, et qu'ainsi ils peuvent supposer jusqu'à un certain point le trouble de l'esprit et du cœur.

Winkelmann dit, que les sourcils affaissés donnent une teinte de rudesse et de mélancolie.

Jamais je n'ai vu un penseur pro-

fond ni même un homme ferme
et judicieux, avec des sourcils minces, placés fort haut, partageant
le front en deux parties égales.

Les sourcils minces sont une marque infaillible de flegme et de faiblesse. Ce n'est pas qu'un homme
colère et très énergique ne puisse
avoir des sourcils clairs, mais leur
modicité diminue toujours la force
et la vivacité du caractère.

Anguleux et entrecoupés, ils dénotent l'activité d'un esprit productif.

Plus ils s'approchent des yeux,
plus le caractère est sérieux, profond et solide. Celui-ci perd de
sa force, de sa fermeté et de sa
hardiesse, à mesure que les sourcils remontent.

Une grande distance de l'un à
l'autre annonce une conception ai-

sée, une ame calme et tranquille.

Des sourcils blancs proviennent d'un naturel faible. Brun-obscur, ils sont l'emblême de la force.

Le mouvement des sourcils est d'une expression infinie. Il sert principalement à marquer les passions ignobles, l'orgueil, la colère, le dédain. Un homme sourcilleux est un être méprisant et méprisable.

« Après les yeux (dit *Buffon*) les parties du visage qui contribuent le plus à marquer les physionomies, sont les sourcils. Comme ils sont d'une nature différente des autres parties, ils sont plus apparens par ce contraste et frappent plus qu'aucun autre trait. Les sourcils sont une ombre dans le tableau, qui en relève les couleurs et les formes. Les cils des pau-

pières font aussi leur effet lorsqu'ils
sont longs et garnis. Les yeux en
paraissent plus beaux, et le regard
plus doux. Il n'y a que l'homme
et le singe qui ayent des cils aux
deux paupières ; les autres animaux
n'en ont point à la paupière inférieure, et dans l'homme même, il
y en a beaucoup moins à la paupière inférieure qu'à la supérieure.
Le poil des sourcils devient quelquefois si long dans la vieillesse,
qu'on est obligé de les couper.
Les sourcils n'ont que deux mouvemens qui dépendent des muscles
du front ; l'un par lequel on les
élève, et l'autre par lequel on
les fronce et on les abaisse en les
approchant l'un de l'autre ».

Nous parlerons encore des sourcils dans la seconde partie de cet
ouvrage à l'article des passions.

Du Nez.

Un nez régulier se trouve très rarement, car il exige une heureuse analogie des autres traits, et ne s'associe jamais à un visage difforme.

Voici, d'après *Lavater*, ce qu'il faut pour la conformation d'un nez parfaitement beau.

Sa longueur doit être égale à celle du front.

Il doit y avoir une légère cavité auprès de sa racine. Vû pardevant, le dos du nez doit-être l'arge et presque parallèle des deux côtés ; mais il faut que cette largeur soit un peu plus sensible vers le milieu.

Le bout ou la pomme du nez ne sera ni dur, ni charnu. Le contour inférieur doit-être dessiné avec

précision et correction; ni trop pointu , ni trop large.

De face il faut que les deux ailes
du nez se présentent distinctement
et que les narines se racourcissent
agréablement au dessous.

Dans le profil, le bas du nez
n'aura qu'un tiers de sa longueur.

Les narines doivent aller plus ou
moins en pointe et s'arrondir par
derrière , elles seront en général
doucement cintrées et partagées en
deux parties égales par le profil de
la lèvre supérieure.

Les flancs du nez ou de la voûte
du nez formeront des espèces de
parois.

Vers le haut il joindra de près
l'arc de l'os de l'œil et sa largeur
du côté de l'œil doit-être au moins
d'un demi pouce. Un nez qui ras-
semble toutes ces perfections est

du meilleur augure : cependant nombre de gens du plus grand mérite
ont le nez difforme : mais il faut
différencier aussi l'espèce de mérite
qui les distingue.

C'est ainsi, par exemple, que
j'ai vu des hommes très honnêtes,
très judicieux et très généreux avec
de petits nez échancrés en profil,
quoique d'ailleurs heureusemen or-
ganisés.

Des nez qui se courbent au haut
de la racine conviennent à des
caractères impérieux, appellés à
commander, à opérer de grandes
choses, fermes dans leurs projets,
ardens à les poursuivre.

Les nez perpendiculaires, c'est-
à-dire, qui approchent de cette
forme peuvent être regardés comme
le signe d'une mâle constance. Ils
supposent une ame qui sait agir

et souffrir tranquillement et avec
énergie.

Socrate, *Boerhave* et *Lairesse* ,
avaient le nez fort laid , et n'en
étaient pas moins de grands hommes : mais le fond de leur caractère
était une humeur douce et patiente.

Un nez dont le dos est large ,
soit droit ou courbe annonce toujours des facultés supérieures : mais
cette forme est très rare. Vous pouvez parcourir dix milles visages dans
la nature et dix milles portraits
d'hommes célébres sans la retrouver une seule fois.

Sans cette largeur de sa partie
supérieure et avec une racine fort
étroite, le nez indique souvent une
énergie extraordinaire ; mais elle
se réduit presque toujours à une
élasticité momentanée, sans suite
et sans durée.

La narine petite est le signe certain d'un esprit timide, incapable
de hazarder la moindre ent. eprise.
Lorsque les ailes du nez sont bien
dégagées, bien mobiles, elles dénotent une grande délicatesse de
sentiment qui peut aisément dégé-
nérer en sensualité et en volupté.

Des Joues.

A proprement parler, les joues
ne sont point des parties du visage,
il faut les envisager comme le fond
des autres parties, ou plutôt comme
le fond des organes sensitifs et vi-
vifiés du visage. Elles sont le sentiment de la physionomie.

Des joues charnues indiquent en
général l'humidité du tempérament
et un appétit sensuel, comme dans

les enfans (voyez fig. 3 , planche
A.) Maigres et retrécies , comme
dans la vieillesse , (voyez figure 2 ,
planche A ,) elles annoncent la
sécheresse des humeurs et la pri-
vation des jouissances. Le chagrin
les creuse , la rudesse et la bêtise
leur impriment des sillons grossiers.
La sagesse , l'expérience et la finesse
d'esprit les entrecoupent de traces
légères et doucement ondulées. La
différence du caractère physique ,
moral, intellectuel de l'homme, dépend de l'applanissement ou de la
voûture des muscles , de leur en-
foncement et de leur plissure , de
leur apparence ou de leur imper-
ceptibilité , de leur ondulation enfin , ou plutôt de celles des petits
rides ou fentes qui sont déterminées par la nature des muscles.
Montrez à un physionomiste exercé ,

21.

le simple contour de la section qui
s'étend depuis l'aile du nez jusqu'au menton. Montrez lui ce muscle dans l'état de repos , dans l'état
de mouvement, montrez-le surtout
dans le moment ou il est agité par
les ris ou les pleurs , par un sentiment de bien être ou de douleur,
par la pitié ou par l'indignation ,
et ce seul trait fournira un texte
d'observations importantes. Ce trait
lorsqu'il est marqué par des contours légers doucement nuancés ,
et coupés, devient d'une expression
infinie. Il rend les plus belles émo-
tions·de l'ame , et ce trait bien étudié suffira pour vous inspirer la
plus profonde vénération et l'affection la plus tendre.

Certains enfoncemens plus ou
moins triangulaires, qui se remar-
quent quelquefois dans les joues,

sont le signe infaillible de l'envie ou de la jalousie.

Une joue naturellement gracieuse , (voyez planche A , figure 1 ,) agitée par un doux tréssaillement qui la relève vers les yeux , est le garant d'un cœur sensible , généreux , incapable de la moindre bassesse. Ne vous fiez pas trop à un homme qui ne sourit jamais agréablement. La grâce du souris est le thermomètre de la bonté du cœur et de la noblesse du caractère.

Du Menton.

Un menton avancé annonce toujours quelque chose de positif , au lieu que la signification du menton reculé est toujours négative. Souvent le caractère de l'énergie, ou de la non énergie de l'individu , se manifeste uniquement par le menton.

Une forte incision au milieu du menton semble indiquer sans réplique un homme judicieux , rassis et résolu.

Un menton pointu passe ordinairement pour le signe de la ruse : mais chez certaines personnes, cette ruse n'est qu'une finesse mêlée de bonté.

Un menton mou , charnu et à double étage , est la plupart du tems la marque et l'effet de la sensualité. Les mentons angulaires ne se voyent guère qu'à des gens sensés , fermes et bienveillans. Les mentons plats supposent la froideur et la sécheresse du tempérament. Les petits caractérisent la timidité. Les ronds avec la fos-

sette peuvent être regardés comme
le gage de la bonté.

On peut établir trois classes générales pour les différentes formes
du menton. Savoir : les mentons
qui reculent, ceux qui sont perpendiculaires à la lèvre inférieure,
et ceux qui la débordent et qu'on
appelle pointus.

Le menton reculé qu'on pourrait
appeller le menton féminin, puisqu'on le trouve chez presque toutes
les personnes de ce sèxe, me fait
toujours soupçonner quelque côté
faible. Les mentons de la seconde
classe m'inspirent la confiance. Ceux
de la troisième annoncent un esprit actif et délié, pourvu qu'ils
ne fassent pas anse ; car cette
forme exagérée conduit ordinairement à la pusillanimité et à l'a-
varice.

De la Bouche.

Distinguez soigneusement dans chaque bouche;

1°. Les deux lèvres chacune séparément.

2°. La ligne qui résulte de leur jonction lorsqu'elles sont doucement fermées.

3°. Le centre de la lèvre de dessus.

4°. Celui de la lèvre d'en bas; chacun de ces points en particulier.

5°. La base de la ligne du milieu.

6°. Enfin, les coins qui terminent cette ligne et par lesquels elle se dégage de chaque côté.

On remarque un parfait rapport entre les lèvres et le caractére.

Qu'elles soient fermes , qu'elles soient molles et mobiles, le caractère est toujours d'une trempe analogue.

De grosses lèvres bien prononcées et bien proportionnées , qui présentent des deux côtés la ligne du milieu également bien serpentée et facile à reproduire au dessin , de telles lèvres sont incompatibles avec la bassesse. Elles répugnent aussi à la fausseté et à la méchanceté , et tout au plus on pourra leur reprocher quelquefois un peu de penchant à la volupté.

Une bouche resserrée dont la fente court en ligne droite, et ou le bord des lèvres ne paraît pas, est l'indice certain du sang-froid et d'un esprit appliqué, ami de l'ordre, de l'éxactitude et de la propreté. Si elle remonte en même tems aux deux extrémités, elle suppose un fond d'affectation, de prétention et de vanité ; peut-être aussi un peu de malice, résultat ordinaire de la frivolité.

Des lèvres charnues ont toujours à combattre la sensualité et la paresse.

Celles qui sont rognées et fortement prononcées inclinent à la timidité et à l'avarice.

Lorsqu'elles se ferment doucement et sans effort et que le dessin en est correct, elles indiquent un caractère ferme, judicieux et réfléchi.

Une lèvre de dessus qui déborde un peu, est la marque distinctive de la bonté; ce n'est pas qu'on puisse refuser cette qualité à la lèvre d'en bas qui avance ; mais dans ce cas on doit s'attendre plutôt

à une froide bonhommie qu'au sentiment d'une vive tendresse. Chez
les enfans, c'est toujours la lèvre
supérieure qui avance.

Une lèvre inférieure qui se creuse
au milieu n'appartient qu'aux esprits enjoués. Regardez attentivement un homme gai, dans le moment
où il va produire une saillie, le
centre de sa lèvre ne manquera jamais de se baisser et de se creuser
un peu.

Une bouche bien close, si toutefois elle n'est pas affectée et poin-
tue, annonce le courage, et dans
les occasions où il s'agit d'en faire
preuve, les personnes même qui
ont l'habitude de tenir la bouche
ouverte, la ferment ordinairement.

Une bouche béante est plaintive.
Une bouche fermée souffre avec
patience.

Des Dents.

Rien de plus positif, de plus frappant ni mieux prouvé que la signification caractéristique des dents, considérées non-seulement suivant les formes, mais aussi par la manière dont elles se présentent.

Les dents petites et courtes que les anciens physionomistes regardaient comme le signe d'une constitution faible, sont, à mon avis, dans l'adulte, l'attribut d'une force de corps extraordinaire. On les retrouve aussi à des gens doués d'une grande pénétration : mais dans l'un et l'autre cas, elles ne sont ni bien belles, ni bien blanches.

De longues dents sont un indice certain de faiblesse et de timidité.

Les dents blanches propres et

bien rangées, qui au moment où la bouche s'ouvre, semblent s'avancer, sans déborder, et qui ne se montrent pas toujours entièrement à découvert, annoncent décidément dans l'homme fait, un esprit doux et poli, un cœur bon et honnête.

Les dents gâtées annoncent un dérangement de santé ou quelquefois, certaines imperfections morales, surtout quand cela vient du peu de soin; car celui qui ne s'attache pas à conserver et à entretenir ses dents en bon état, dénote par cette négligence des sentimens ignobles.

La forme des dents, leur position et leur propreté, en tant que cette dernière dépend de nous, indiquent plus qu'on ne pense nos goûts et nos penchans.

Lorsqu'à la première ouverture

des lèvres , les gencives de la rangée supérieure paraissent en plein ,
on peut s'attendre ordinairement à
beaucoup de froideur et de flegme.

Les dents fermes et bien rangées
annoncent(suivant *Aristote*)qu'une
personne vivra long-tems. *Valésius*
en explique la raison. « On peut ,
dit - il , considérer de belles dents
comme cause et comme signe. Sous
le premier rapport , elles doivent
nous promettre à la vérité une longue existence , parce qu'en broyant
parfaitement les alimens elles pré-
parent une bonne digestion , et si
on les considère comme signe ,
des dents fortes et serrées annoncent une constitution robuste , qui
doit naturellement maintenir la santé
et prolonger la vie.

On peut encore observer que les
dents grandes , saillantes , et qui

semblent se reposer sur la lèvre inférieure, vont ordinairement avec une grande bouche et des lèvres assez vermeilles. Ces sortes de dents indiquent un caractère caustique, de la méchanceté ; sans esprit et sans énergie. Elles sont placées de manière à attaquer le premier objet qu'elles rencontrent.

Les dents petites et rentrantes annoncent de la finesse sans méchanceté ; mais en même tems, un caractère indocile et vindicatif : elles n'attaquent pas ; mais aussi lorsqu'on les oblige à mordre, elles sont disposées de manière à ne pas lâcher aisément prise.

Plusieurs naturalistes ont observé la différente conformation qui se trouve entre les dents des animaux carnivores, et celles des animaux paisibles. Ceux - ci ont toutes les

dents à-peu-près d'une égale longueur et d'un émail extrêmement
épais et dur. Leurs alimens ayant
très peu de substance nutritive, ils
sont obligés de manger presque continuellement pour suffire à leur
besoin ; en second lieu les herbes
sèches et la paille dont ils se nour-
rissent, pendant la plus grande partie de l'année, sont des substances
trop dures, pour que des dents ordinaires puissent continuellement
suffire à un exercice aussi violent.

Les dents des animaux féroces
ou carnivores sont d'un émail moins
dur, parce que le repas d'un instant
suffit pour toute la journée : mais
en revanche leurs dents de devant
sont plus longues et plus saillantes ;
elles sont inégales, et la plupart de
ces animaux ont la gueule armée
de quatre grands crochets, pour

pouvoir retenir la proye qui s'efforce de leur échapper.

Il résulte de ces observations que les dents de l'homme démontrent qu'il tient des deux espèces. Les incisives annoncent l'animal carnivore, et les molaires lui donnent la faculté de broyer les fruits de la terre.

Ce que je viens de dire des quadrupèdes peut s'appliquer aux poissons. La gueule du plus petit brochet est autrement armée que celle de la plus grosse carpe, et les dents de ces animaux sont longues en raison de leur férocité.

Chez les oiseaux, la force du bec, et surtout la courbure, comme dans l'aigle. le faucon, l'épervier, annoncent évidemment l'oiseau de proye. Les oiseaux timides ont le bec doux, flexible, et les deux parties

à-peu-près d'une égale longueur,
comme le pigeon, le serin, la tourterelle. La perdrix qui dévore les
insectes, et mange aussi du grain,
tient de ces deux espèces. Son bec
est beaucoup plus dur que celui
de la timide colombe, mais il est
moins recourbé et moins cruel que
celui de l'épervier.

Des Oreilles.

Les parties de la tête qui font le
moins à la physionomie et à l'air
du visage, sont les oreilles : elles
sont placées à côté, et cachées par
les cheveux : cette partie qui est
si petite et si peu apparente dans
l'homme, est fort remarquable dans
la plupart des animaux quadrupèdes, elle fait beaucoup à l'air de

la tête et à la beauté ; elle indique même l'état de vigueur ou d'abattement ; elle a des mouvemens musculaires qui dénotent le sentiment et répondent à l'action intérieure de l'animal. Les oreilles de l'homme n'ont ordinairement aucun mouvement, volontaire ou involontaire ; quoiqu'il y ait des muscles qui y aboutissent.

Les plus petites oreilles, selon *Buffon*, sont les plus jolies : mais les plus grandes et qui sont en même tems bien bordées ; sont celles qui entendent le mieux. « Il y a, continue-t-il, des peuples qui en agrandissent prodigieusement le lobe, en le perçant et en y mettant des morceaux de bois ou de métal, qu'ils remplacent successivement par d'autres morceaux plus gros, ce qui fait avec le tems un

trou énorme dans le lobe de l'oreille , qui croît toujours à proportion
que le trou s'élargit ; j'ai vu de ces
morceaux de bois qui avaient plus
d'un pouce et demi de diamètre ,
qui venaient des Indiens de l'Amé-
rique Méridionale ; ils ressemblent
à des dames de trictrac. On ne sait
sur quoi peut être fondée cette coutume singulière de s'agrandir si
prodigieusement les oreilles ; il est
vrai qu'on ne sait guère mieux d'où
peut venir l'usage presque général
dans toutes les nations , de percer
les oreilles et quelquefois les narines , pour porter des boucles , des
anneaux etc. A moins que d'en
attribuer l'origine aux peuples encore sauvages et nuds , qui ont cher-
ché à avoir toujours avec eux de
la manière la moins incommode , les
choses qui leur ont paru les plus

précieuses, en les portant à cette partie ».

Les petites oreilles vont ordinairement avec une tête bien conformée, et par conséquent elles annoncent de l'esprit et de la vivacité. Le bout dégagé est d'un bon augure.

Une oreille large et unie qui manque d'arrondissement dans les contours suppose ordinairement une tête excessivement faible. Lorsque l'ensemble de l'oreille est plat, mou et grossier, il exclut certainement le génie.

On observe en général que les oreilles fermes, rapprochées de la tête indiquent de l'esprit et l'amour de l'indépendance ; semblables à celles des animaux sauvages, qui vivant en liberté ont conservé la pureté de leur espèce. Au contraire , les oreilles longues , dont la partie supérieure est plate, et s'écarte de la tête en s'inclinant, ont le caractère de celles des animaux domestiques abatardis par la servitude, et déchus de leur première origine.

Du Col.

Le col soutient la tête et la réunit avec le corps; cette partie est bien plus considérable dans la plupart des animaux quadrupèdes, qu'elle ne l'est dans l'homme : les poissons et les autres animaux qui n'ont point de poumons semblables aux nôtres, n'ont point de col. Les oiseaux sont en général les animaux dont le col est le plus long. Dans les espèces d'oiseaux qui ont les pattes courtes, il est assez court, et dans celles où les pattes sont

fort longues , il est aussi d'une
très grande longueur. *Aristote* dit,
que les oiseaux de proye , ou
qui ont des serres ont le col très
court.

La forme du col est significative
comme tout ce qui a rapport à
l'homme. Figurez vous d'un côté ,
un col long et effilé , de l'autre un
col gros et engoncé , et voyez si
chacune de ces formes n'exige pas
une tête différente. Que de choses
n'exprime pas la flexibilité ou la
roideur du col! Il y en a qui paraissent construits pour faire baisser
la tête , d'autres pour la relever ,
ceux-ci pour la porter en avant ,
ceux-là pour la replier en arrière
— et ces distinctions peuvent s'appliquer à la diversité de nos facultés : l'esprit humain prend le dessus , ou il rampe ; il avance , ou il

recule. Nous connaissons certaines
espèces de goîtres qui sont le signe
infaillible de la bêtise et de la stupidité, tandis qu'un col bien propor-
tionné est une grande recommanda-
tion pour la solidité du caractère.
Enfin la variété des cols, s'étend
à tout le règne animal, et dans la
plupart des quadrupèdes, comme
chez les hommes elle indique leur
état de vigueur et de faiblesse.

De la Chevelure et de la Barbe.

Tout le monde sait combien les
cheveux font à la physionomie. C'est
un défaut que d'être chauve ; et
l'usage de porter des cheveux étran-
gers, fut certainement inventé pour
cacher ce défaut. Cette mode qui
est devenue presque générale, à

cause de sa commodité, nuit cependant beaucoup aux observations physionomiques.

Les cheveux offrent des indices multipliés du tempérament de l'homme, de son énergie, de sa façon de sentir, et par conséquent aussi de ses facultés intellectuelles. Ils n'admettent pas la moindre dissimulation, ils répondent à notre constitution physique, comme les plantes et les fruits répondent au terroir qui les produit.

On peut distinguer dans les cheveux, leur longueur, leur quantité et la manière dont ils sont plantés, leur couleur et leur qualité, c'est-à-dire s'ils sont ronds, lisses ou frisés.

Les longs cheveux sont toujours faibles. On les remarque tels le plus ordinairement chez les femmes ;

aussi indiquent-ils un caractère féminin, surtout s'ils sont à la fois
longs et plats ; de tels cheveux ne
s'associent jamais à un caractère
mâle.

Lavater appelle *cheveux vulgai-
res*, ceux qui sont courts, plats
et mal liés, ceux encore qui retom-
bent en petites boucles pointues et
peu agréables, surtout quand ils sont
rudes et d'un brun-foncé ; et *che-
velures nobles*, celles qui sont d'un
jaune-doré, ou d'un blond tirant
sur le brun, qui reluisent doucement, et se roulent avec grace.

Des cheveux noirs qui sont plats,
naturellement défrisés, épais et gros,
dénotent peu d'esprit, mais de l'as-
siduité et l'amour de l'ordre. Des
cheveux noirs et minces placés sur
une tête mi-chauve, dont le front
est élevé et bien voûté, m'ont sou-

vent fourni la preuve d'un jugement sain et net, mais qui excluait
l'invention et les saillies : au contraire cette même espèce de cheveux,
lorsqu'elle est entièrement platte et
lisse, implique une faiblesse décidée
dans les facultés intellectuelles.

Dans les pays chauds, les cheveux sont du noir le plus obscur :
ils sont d'un noir moins foncé, ou
bruns dans les climats tempérés ;
et dans les pays froids, ils varient
entre le jaune, le rouge et le brun :
la vieillesse fait grisonner ces différentes couleurs, et l'on a remarqué
que les cheveux des ouvriers qui
travaillent en cuivre se changent
enverd. Les cheveux blonds annoncent généralement un tempérament
délicat, sanguin - flegmatique. Les
cheveux roux caractérisent, dit-on,
un homme souverainement bon, ou

souverainement méchant. Un contraste frappant entre la couleur de
la chevelure et la couleur des sourcils m'inspire la défiance.

La diversité du poil des animaux
démontre assez combien celle des
cheveux doit-être expressive dans
l'homme. Comparez la laine de la
brebis avec la fourrure du loup , le
poil du lièvre avec celui de l'hiène ;
comparez les plumes de toutes les
espèces d'oiseaux , et vous ne sau-
riez vous refuser à la conviction que
ces excroissances sont caractéristiques , qu'elles peuvent aider à différencier les capacités et les inclinations de chaque animal.

Des Mains.

Il y a tout autant de diversité et
de dissemblance entre les formes des

mains, qu'il y en a entre les physionomies. Cette vérité est fondée sur
l'expérience et n'a pas besoin de
preuve.

Deux visages parfaitement res-
semblans n'existent nulle part, et
de même vous ne rencontrerez pas
chez deux personnes différentes,
deux mains qui se ressemblent. Plus
il y a de rapport entre les visages,
et plus s'en trouve-t-il entre les
mains.

Il n'y a pas moins de diversité
dans les parties du corps que dans
les caractères, et c'est le même principe qui occasionne cette différence
dans les uns comme dans les autres.

D'après des observations positives,
cette diversité du caractère reparaît
clairement dans la forme des mains :
On ne saurait en douter, à moins de

sa refuser aveuglément à la force de
l'évidence.

La forme de la main varie à l'infini, suivant les rapports, les ana-
logies et les changemens dont elle
est susceptible. Son volume, ses
contours, sa position, sa mobilité,
sa tension, son repos, sa proportion,
sa longueur, sa rondeur — tout
cela vous offre des distinctions sensibles et faciles à saisir.

Chaque main, dans son état naturel, c'est-à-dire abstraction faite des
accidens extraordinaires, se trouve
en parfaite analogie avec le corps
dont elle fait partie. Les os, les
nerfs, les muscles, le sang et la peau
de la main, ne sont que la conti-
nuation des os, des nerfs, des muscles, du sang et de la peau du
reste du corps. Le même sang cir-

çule dans le cœur, dans la tête et
dans la main.

Telle main ne convient qu'à tel
corps et non à un autre. La chose
est aisée à vérifier. Choisissez une
main pour modèle, comparez lui
mille autres mains, et dans ce grand
nombre, il n'y en aura pas une
seule qui puisse être substituée à
la première.

Mais, dira-t-on, les peintres et
les sculpteurs composent pourtant
des formes homogènes, auxquelles
ils rapportent des parties détachées
de différens côtés, ou dans l'idéal,
ou dans la réalité.

Je répondrai à cela, que, si dans
les ouvrages de la nature il était
possible d'ajouter une main étrangère, un doigt étranger au tronc
d'un bras ou d'une main, ce rapiè-
cetage n'échapperait certainement

à personne , et la raison en est évi-
dente. L'art qui n'est, qui ne doit
être , et ne peut être qu'une imitation de la nature , l'emporterait-il
sur son prototype , tandis qu'il est
réduit à tailler , à tronquer , à mu-
tiler , à raccommoder tout ce qu'il
fait ? Il a beau colorier et plâtrer
ses copies , recourir à toutes ses illusions , il n'en travaille pas moins
d'emprunt : mais la nature puise
dans son propre fonds , et les effets
qu'elle produit sortent d'elle-même.
Elle moule en grand, et l'art se traîne
sur ses pas en détail : la nature em-
brasse l'ensemble , et l'art est borné
à la surface , ou plutôt à des par-
celles de surface. S'il y a donc quelque chose de caractéristique dans
notre extérieur , si les hommes diffèrent entr'eux et pour la forme et
pour le caractère, il est constant que

la main contribue pour sa part à faire connaître le caractère de l'individu, et qu'elle est, aussi bien que les autres membres du corps, un objet d'étude pour le physionomiste, objet d'autant plus significatif et plus frappant, que la main ne peut dissimuler et que sa mobilité la trahit à chaque instant.

Je dis qu'elle ne peut pas dissimuler ; car l'hypocrite le plus raffiné, le fourbe le plus exercé ne saurait altérer ni la forme, ni les contours, ni les proportions, ni les muscles de sa main, ou seulement d'une section de sa main : il ne saurait les soustraire aux yeux de l'observateur, qu'en la cachant tout-à-fait.

La mobilité de la main n'est pas moins expressive. C'est de toutes les parties de notre corps la plus

agissante et la plus riche en arti-.
culations. Plus de vingt jointures
et emboitures concourent à la mul-
tiplicité de ses mouvemens et les
entretiennent. Une telle activité
doit expliquer de mille manières le
caractère et le tempérament.

Soit dans le mouvement, soit
dans l'état de repos, l'expression
de la main ne peut être méconnue.
Sa position la plus tranquille indique
nos dispositions naturelles; ses fle-
xions expliquent nos passions. Dans
tous ses mouvemens elle suit l'impulsion de l'ame. En un mot, le
geste est après l'organe de la voix
le signe le plus naturel et le plus
ordinaire de toutes nos affections.

« Avec la main, dit *Montaigne*,
(livre 2, chap. 12.) Nous requérons,
nous promettons, appellons, con-

gédions, menaçons, prions, sup-
plions, nions, refusons, interro-
geons, admirons, nombrons, con-
fessons, repentons, craignons,
vergoignons, doutons, instruisons,
commandons, insistons, encoura-
geons, jurons, témoignons, accu-
sons, condamnons, absolvons, in-
jurions, méprisons, deffions, des-
pitons, flattons, applaudissons,
bénissons, humilions, moquons,
réconcilions, recommandons, exal-
tons, festoyons, resjouissons, com-
plaignons, attristons, desconfortons,
désespérons, estonnons, escrions,
taisons : et quoi non ? — D'une va-
riation et multiplication à l'envy
de la langue ».

Les mains grosses et courtes sont
un signe presque infaillible de stupidité brutale, tandis que les doigts
longs et bien effilés ne s'associent

23

presque jamais avec un esprit grossier.

On remarque cependant que des
mains un peu grosses appartiennent
ordinairement aux artistes. On est
étonné quelquefois de voir de gros
doigts lourds en apparence , se pro-
mener avec la plus grande volubilité sur un clavier de forté-piano
ou sur une harpe. Nous avons déjà
remarqué la différence qu'il y a entre l'artiste et l'homme de génie ,
(voyez page 39) la main du premier doit-être forte , pour exécuter
avec facilité ; car tout mouvement
deviendrait pénible pour une main
faible et nuirait à lab eauté et à la
rapidité des sons ; les doigts arrêtés
à chaque instant par la résistance, ne
conserveraient plus la souplesse nécessaire pour exécuter.

Au contraire l'homme de génie

doit avoir des doigts sensibles et délicats, comme les fibres de son cerveau. S'il n'étonne pas par le brillant de son exécution, il trouve un moyen de plaire mille fois plus infaillible, c'est d'aller à l'ame par les sens. L'un nous étonne, l'autre nous attendrit. Nous admirons le premier; mais bientôt notre oreille se fatigue à l'entendre. Nous écoutons au contraire le second et même après qu'il a fini, notre cœur vibre encore du souvenir de ses expressions.

La loi que je me suis imposée d'extraire l'ouvrage de *Lavater* avec la plus grande fidélité, m'a forcé d'entrer dans de longs détails sur les différens traits du visage. Vous auriez, sans doute, desiré un apperçu plus clair et plus rapproché des moyens qu'il y a de connaître

les physionomies : c'est ce que vous
trouverez dans la seconde partie
de cet ouvrage. Je ne saurais d'ailleurs trop recommander aux personnes qui desirent se livrer à l'étude
de la *Physiologie* , de ne pas prononcer légèrement sur le caractère
d'une personne , d'après un trait
particulier ; car , malgré le rapport
intime qui règne entre les différentes
parties qui composent notre ensemble , malgré dis-je ; cette homogénéité dont nous avons parlé , qui
fait que chaque partie ressemble
essentiellement au tout , il faut néanmoins, pour bien juger, faire plus
d'une observation , et voir si les
différentes applications qu'on fait à
un individu, se rapportent exactement , surtout lorsqu'il s'agit de
condamner un homme d'après un
extérieur peu avantageux. C'est alors

principalement, qu'il est nécessaire de beaucoup réfléchir avant de prononcer dans une matière délicate, où il faut apprécier souvent les infiniment petits, et où il est si facile de s'égarer, en prenant les fantômes de son imagination pour la réalité.

Fin de la première partie.